阿德勒心理学经典文丛

The Problem Child
The Life Style of the Difficult Child as Analyzed in Specific Cases

儿童行为心理学
儿童问题行为与心理研究

〔奥〕阿尔弗雷德·阿德勒 ⊙ 著

缪文荣 ⊙ 译

台海出版社

图书在版编目(CIP)数据

儿童行为心理学：儿童问题行为与心理研究/(奥)阿尔弗雷德·阿德勒著；缪文荣译. -- 北京：台海出版社，2023.5
ISBN 978-7-5168-3512-8

Ⅰ.①儿… Ⅱ.①阿…②缪… Ⅲ.①儿童心理学—研究 Ⅳ.① B844.1

中国国家版本馆CIP数据核字(2023)第042456号

儿童行为心理学：儿童问题行为与心理研究

著　　者：〔奥〕阿尔弗雷德·阿德勒	译　　者：缪文荣
出 版 人：蔡　旭	封面设计：同人阁·书装设计
责任编辑：姚红梅	

出版发行：台海出版社
地　　址：北京市东城区景山东街20号　　邮政编码：100009
电　　话：010—64041652（发行，邮购）
传　　真：010—84045799（总编室）
网　　址：www.taimeng.org.cn/thcbs/default.htm
E-mail：thcbs@126.com

经　　销：全国各地新华书店
印　　刷：涿州市京南印刷厂

本书如有破损、缺页、装订错误，请与本社联系调换

开　　本：880mm×1030mm　　1/32
字　　数：171千字　　　　　　印　　张：7.625
版　　次：2023年5月第1版　　印　　次：2023年7月第1次印刷
书　　号：ISBN 978-7-5168-3512-8
定　　价：69.80元

版权所有　　翻印必究

译者序

"儿童是成人之父。"

英国浪漫主义诗人华兹华斯和意大利儿童教育家玛利亚·蒙台梭利都这么说。因为儿童眼里的世界是最纯真的世界,他们没有受到半点玷污,他们是我们的"父亲";成人表现的一切情绪、智能、习惯和道德,都是由他童年时代的经历所决定的。当我们看到眼前的儿童时,就应该想着,怎样教育他,使他能成为一个真正的人。

阿尔弗雷德·阿德勒(1870-1937)是奥地利精神病学家,也是"个体心理学"的创始人,毕业于维也纳大学医学院,后从事精神病学研究。他在1911年创立了"个体心理学"体系,其理论强调个人的积极品质和社会动机在个人行为中的重要作用。

阿德勒从小体弱多病,身材矮小,由于疾病和车祸差点儿死于非命。儿时的创伤经历和死亡的恐惧曾使他极度自卑,因此,他的人格理论始终围绕着如何克服自卑心理而进行。他认为人格是在战胜自卑和追求优越的过程中形成和发展的,人天生自卑,因为其生下来是弱小无力的,完全依赖成人,由此产生自卑感,但也正因如此,才促使人们努力克服自卑,追求成功,使其成为人格发展的动力;人若被自卑压倒,则会产生自卑情绪,导致神经症人格,如抑郁、悲观、消沉。

提起心理学，就会让人联想到弗洛伊德。阿德勒因写过赞同弗洛伊德观点的论文，因而受其邀请加入精神分析学会，成为弗洛伊德最早的同事之一。但阿德勒对人格心理的看法与弗洛伊德大相径庭，不久便与弗洛伊德分道扬镳。首先，弗洛伊德侧重于性幻想的研究，即性本能的压抑是心理疾病的根源，而阿德勒则认为家庭内部关系是影响心理的重要因素，特别是出生顺序。其次，与弗洛伊德不同的是，虽然阿德勒关注早年经历和梦的解析，但他使用得更多的方法是教育而不是分析，他认为人是可以通过教育改变的。最后，比起弗洛伊德，阿德勒的人性观更加乐观。阿德勒以上种种与弗洛伊德相悖的观点，在本书中都有所体现。

在这本书中，读者可以了解到阿德勒的个体心理学。他特别强调意志的实现对人的意义。他认为人类的一切行为都受"向上意志"支配，一个人生来就有一种内驱力，将人格各方面汇合成一个总目标：追求高人一等的优越感，即出人头地。这种为优越而进行的奋斗是内在的，这不仅仅是个体在为此奋斗，一切有历史的文明都同样进行着这样的奋斗，它引导着人类和种族永远不断地进步。这种个体心理学的特点在对不同问题儿童的分析中都有所体现。

阿德勒在书中总结出儿童的"生活风格"。人在出生后第四年、第五年即形成了自己特有的"生活风格"，并在往后的生活中不断加以总结、归纳和概括，逐渐固定下来，形成一套特殊的行为方式，以此作为应对环境的基础。生活风格的发展和自卑感有密切关系，如果一个儿童有某种生理缺陷或主观上的自卑感，那么他的生活风格将倾向于补偿或过度补偿那种缺陷或自卑感。生活风格决定了我们对生活的态度，形成了我们的行为模式。

阿德勒很重视访谈对心理咨询的作用，在本书中读者可接触到大量访谈实录。他通过大量案例来分析儿童在家庭中排位顺序的重要性，以及由于不同排位顺序使儿童与生俱来所具有的特点。基于这种特点和母亲不可取代的角色，阿德勒着重讨论了生活风格的形成。在儿童四五岁时，生活风格便已相对固定，因此，成年之后的种种行为都似乎可通过这种生活风格来预测。本书着重阐述了被娇惯儿童的心理状态和行为，经过对父母、老师以及孩子的访谈，阿德勒的团队仔细分析研究了每个案例，并提出了相应的意见和建议。除了家庭中的排位和父母以及其他长辈对儿童的教育方式之外，本书还提出社会环境对儿童的生活风格形成所产生的影响。作者建议，在有条件的情况下，可设立与之相适宜的教育机构，针对不同儿童的具体情况设计教育方案，以避免更多问题儿童的出现，或者引导现有问题儿童取得长足的进步。

阿德勒在儿童辅导诊所的治疗过程，在很大程度上是公开的，凡是相关的心理学家、老师和有兴趣的家长都可坐下旁听，甚至参与到咨询当中。他认为这样做对孩子很重要，可以让他知道自己的行为是大家都关心的，而不仅仅是他个人的事。当然，对于儿童精神病学家、心理学家、社会工作者、教师和家长来说，这也不失为一次绝好的学习经历。因此，以诊所治疗过程为基线而撰写的这本书，同样适用于以上提到的各方，也是他们分析问题儿童的好工具。

序 "生活风格"

本书于1930年在德国出版发行，是《个体心理学技巧》中的一卷。本书的主要内容包括阿尔弗雷德·阿德勒在其诊所与儿童及其父母、老师之间的面谈内容，以及他对这些案例的分析。

阿尔弗雷德·阿德勒为如何理解和治疗整体人格创建了一套系统的方法，亦即"比较心理分析法"，后被称为"个体心理学"，现在后者更为人们所熟知（也常被称为"阿德勒心理学"）。

"个体心理学"一词源于阿德勒对个体独特性以及对个体创造的自我"生活风格"的重视，而弗洛伊德的侧重点为适用于所有人的本能或动机以及一般象征意义的适用性，两者的研究方向大相径庭。

阿德勒强调，他的心理学是一种关于"运用"而非"拥有"的心理学，也就是说，理解个体利用自身的能力和潜力创造了什么比知道他可能具有什么样的能力和潜力更重要。遗传和环境因素只是基础，个体用它来构建属于自己的独一无二的方式，从而让自己融入生活，阿德勒称其为个体的"生活的风格"（style of life）或"生活风格"（life style）。

阿德勒认为个体对自己"生活风格"的塑造在其四五岁时就已完成。个体对何为生活、何为自我、何为他人以及何为与他人之间关系的理解，会在这个年龄段基本固定下来，并且形成其对待各种情境下的生活的总体态度。从那时起，个体只会从自己生活风格的视角来解读新的人生经历，导致他在认知与自己生活风格相左的经历时带有偏见，轻视甚至排斥这些经历。个体的所思、所感、所做都诠释了他的生活风格。大部分会动摇个体生活风格或与之相矛盾的思想、感情和行为，都会遭到个体的排斥。

阿德勒认为，心理健康的测量维度是儿童开发并整合了多少社会兴趣到自己的生活风格中。所谓"社会兴趣"是指对他人的感觉、与他人的合作、归属感以及为了共同利益而与他人一起开展活动的感觉。所有生活的关键议题，即友谊、工作、爱情和婚姻，都需要通过大量的合作和社会情感来实现。当社会情感不足的个体遇到这些议题时，会对议题的任务缺乏心理上的准备，害怕失败，逃避接触，并感到极度无法适应（自卑）。神经症、精神疾病以及性格障碍都仅仅是一些"保护措施"（"心理防御机制"），个体试图通过这些症状，以自己独特的方式来向自己和他人隐瞒他的不适应，进而维持自己至少还保有一丁点儿自尊的假象。个体所采用的这些"保护措施"，是他自孩提时代便以各种形式进行过的尝试和测试。

个体自最初的婴儿期起，便通过与母亲的关系开始发展社会情感。阿德勒认为，一位母亲最重要的作用是通过她对孩子真挚的爱来促进孩子发展社会情感，随后她应该鼓励孩子把这些感情延伸到与他人的关系中去。如果母亲没有完成以上两项使命，那么孩子在发展其社会情感时将困难重重。

但这并不意味着一个孩子没有培养出足够的社会情感就是母亲的错。许多孩子也许会因为器质性缺陷（个体心理学术语）、体质虚弱、异常的环境条件等因素，觉得生活本身对他们来说实在太艰难，进而导致他们形成了错误的生活风格，并且缺乏充足的社会情感。他们的自卑感沉重到可能使人难以承受，由此产生了不安全感，致使他们变得过于以自我为中心，从而完全阻碍了其社会情感的发展。在这一类案例中，阿德勒特别提到了外貌丑陋的、笨拙的、身体有缺陷的、缺乏爱和过分受溺爱的孩子。但阿德勒认为，即使是在这些情况下，发展社会情感也是有可能的，如果他们能认识到生活的命题是如何运用已有的一切而不是自己拥有什么，那么他们就可以通过社会生活来补偿在生活中遭遇的障碍与匮乏。

阿德勒觉得，勇气，特别是真正的勇气，只能体现在内心充满"社会兴趣"的个体身上。

我们可以在孩子的生活风格和对生活的适应过程中，观察到其在早期探索概念形成时，倾向于保留下来的错误。只有当孩子（或成人）觉察到错误，并敢于尝试新的、更社会化的处理方式时，他才会有所改变。当生活风格尚未长期固定下来时，个体要改变它会容易得多。因此，阿德勒建议对还未形成固定生活风格的儿童进行早期诊疗，并在维也纳大范围地开展了一项儿童辅导项目。到1927年，维也纳已经有22所此类诊所，诊所的全体成员都是阿德勒的学生。1934年，诊所的数量增加至30余所，它们成了全世界儿童心理辅导运动的典范。此后，陶尔斐斯的法西斯独裁政权勒令关闭了所有诊所，但一些诊所在第二次世界大战之后又重新恢复了运营。

　　这些儿童心理辅导诊所的治疗过程，在很大程度上是公开的。心理学家、教师和有兴趣的家长都可参与旁听，甚至参与到咨询当中。阿德勒认为这种做法对孩子来说十分重要，通过这种方式，可以让孩子知道他的行为是社会大众所关心的，而不仅仅是他的个人事务。当然，对于儿童精神病学家、心理学家、社会工作者、教师和家长来说，这不失为一次绝好的学习经历。

库尔特·阿尔弗雷德·阿德勒
1962年9月于纽约

前　言

"三岁看大，七岁看老。"

在个体心理学中，这句格言得到了充分的诠释。生命的前四五年时间已足够一个儿童完成他在感知上的任意性训练，这些感知源于他的生理状态和外部刺激。此后，孩子将不再随意地吸收和运用他的经验，他的行事依据并非源于任何所谓的因果关系法则，而是他自己建立的生活风格和对生活风格进行控制管理的规则。因此，生活风格决定了个人的发展，生活风格的规则管束着他一生的感受、情绪、思想和行为。个体创造出来的生活风格开始发挥作用，规则、原则、性格特征和世界观都围绕着生活风格进行构建。孩子创造了一个非常固定的系统来建立感知，他的行为和结论与他追求的理想的最终形态完全一致。他会在意识里保留不会对自己的生活风格造成干扰或能与之兼容的事物，而余下的则会被遗忘和弱化，或者成为一种无意识的模式继续存在，但这种无意识的模式相对其他感知会更少地获得自身的批评和理解。无论这样的行为模式是否加强了意识的发展趋势，或是因反作用而阻挠甚至终止了其发展，它所带来的最终结果总是由生活风格预先决定的。

生活风格的模式（例如，性格特征的指导方针）是在长期的训练中建立起来的，这些在意识或潜意识中都可以找到记忆的痕迹，但经验并不是产生内驱因素的原因，生活风格才是。生活风格造就和引导了内驱因素，并利用它们达成自己的目的。充分地理解生活风格，使我们得以捕捉到个体的有意识能动性和无意识能动性之间的一致性。但是，对有意识和无意识的理解，只有在与生活风格的行为范围相一致时才是有效的。

当分析儿童的某种成长经历时，人们可能会依据自己的长期经验而对其妄加判断，然而这些长期经验却是有局限的。我们必须十分仔细地检验这些结论，是否与个体精神生活的完整系统相一致，这一程序完全符合医学诊断的要求。医学诊断要求我们必须通过病人的某个局部症状推导结论，划定疑似疾病的范围，直至出现第二个和第三个症状来帮助我们进行精确的诊断。

在本次研究中，我会遵循"个体心理学技术"所描述的方式进行分析；与此同时，我也会尝试从一个稍微不同的角度——问题儿童的生活风格——进行研究。

这种研究方法需要学者对个体心理学的技术及其测试资料有深刻的了解，同时掌握正确解读症状的艺术。

在这里，就像在医学诊断中一样，我们不能忽视正确预测的推理艺术。只有证明所有的局部症状与整体情况明显一致，并且呈现出相同的动态时，才能证明推测的准确性。在这些推测中，所有细节的一致性是最重要的：

（1）（社会感觉和社会兴趣的）协同程度。

（2）个人追求优越感（安全感、权力、完美、贬低他人）时呈现的特点。

这些恒定的表达方式可能有不同表现，但它们的最终目标却相当一致（个体心理学的目的论）。个体所表现出的勇气或见识广度、看待世界的方式，以及对社会的有用性或危害性，都反映了其对社会生活的适应程度。个体迟迟无法成功实现三个生命基本议题（社会、职业、爱情），或是对这些议题准备不足的程度，都揭示了其始终存在的自卑情结，以及对其错误的补偿——优越情结。

一个不能意识到或未能理解生活风格中存在统一性的人，永远不会明白缺陷人格特质是如何发展形成的。但是，无论谁掌握了这一概念，就会知道需要治疗的是人的生活风格，而不是症状。

我打算在其他地方讨论个体心理学的一般诊断和特殊诊断，以及诊所治疗医生的作用和技巧。

目　录

导论　人类及其同伴…………………………………… 1
第一章　过分自大………………………………………… 12
第二章　留级学生………………………………………… 22
第三章　父亲阻挠社会情感的培养……………………… 38
第四章　被娇惯的老幺…………………………………… 57
第五章　青春期危机……………………………………… 74
第六章　独生子女………………………………………… 79
第七章　受挫的老幺……………………………………… 89
第八章　低能儿，还是问题儿童？……………………… 98
第九章　被误导的"雄心壮志"………………………… 106
第十章　弃儿……………………………………………… 112
第十一章　独生子想扮演的角色………………………… 119
第十二章　失宠的老大…………………………………… 124
第十三章　撒谎：一种获得认可的方法………………… 130
第十四章　"幻想中的英雄"——替代现实的角色……… 141
第十五章　惹是生非的孩子……………………………… 153
第十六章　奋力夺回失去的天堂………………………… 167
第十七章　失去爱而导致的盗窃………………………… 171

第十八章　尿床的孩子……………………………… 180
第十九章　尿床：爱的表达………………………… 191
第二十章　拥有出色的兄弟姐妹…………………… 203
第二十一章　如何与父母谈话……………………… 216
第二十二章　幼儿园的任务………………………… 219

导论　人类及其同伴

　　人们总是忍不住想用华丽的辞藻和丰富的语句来美化这个主题。回望文明的源头，无论在部落、民族、国家还是宗教团体内部，我都可以描绘出为建立人类统一所做的巨大努力。我可以通过某些观念（人类对这些观念多多少少是有意识的）来体现这种趋势——从政治或宗教角度看待人类统一的趋势。

　　但是我不会讨论这些东西，我想表达的是，人类努力在社会中创造统一性，我们应该先从科学真理的角度，而不是仅仅从道德、政治或宗教的角度来评价此事。

　　我想强调的是，人类精神的生命不在于"存在"，而在于"成为"。那些忙于展示自己精神生活中某些片段的人并没有成功，因为他们认为自己正在跟某种机器打交道。每一种生命有机体都在朝着理想中的终极形态努力，而具有精神的生命体，正在努力克服这世上因社会以及两性关系问题而引发的困难。解决这些问题的方法和解决数学问题可不一样。我相信我们有能力正确解答这些问题，但也有可能会解答错误。

不过，我想在这里加一点，我们不能期待一个绝对正确的解决方案。我们所能期待的就是努力为每个人实现一个目标，使得人类的团结有安全保障。我们之所以称"善"为善，是因为它惠及每个人；同样，我们之所以称"美"为美，也仅是从相同的角度出发，这就是社会的概念植根于语言和思想的范围。因此，我们总能在所有的个体或群体的表达中，发现它们是如何牵涉到社会问题的。没人能打破这个框架，这个框架内的每一种活动都已经给出了答案。只有在对社会有益的情况下，我们才相信解决方案是正确的，因此我们可以理解为什么一旦有人反其道而行之，他身边的人便会奋起反抗。这种问题总是跟那些与社会缺乏紧密联系的人、那些并没有觉得自己是集体一分子的人、那些在人群中感到浑身不自在的人相关，他们不仅应学会享受文明带来的益处，还要学会承受文明带来的不便，将这些好与不好都视为自己的东西并接纳它们。因此，我们所说的社会兴趣只是与他人紧密联系的其中一个方面，而我们所说的勇气是个人内心的韵律，勇气会使他感受到自己是社会大家庭中的一分子。现在，当我们考虑到目前人类发展的平均水平并认识到仍然有许多不足之处时，我们定会深感困惑，这就会为我们的发展提供新目标。我们不能将自身的存在视为静止的，仅仅是"存在"，或是对渴望发展的阻挠，我们必须把困难看成是亟待解决的问题，这些问题激励我们成为积极的乐观主义者。只有积极乐观的人在历史上才拥有发言权，他们推动人类向前发展，将来也是如此。其他人都是不得其所的，他们实则阻碍了人类前进的脚步，他们根本没法体会那些意识到自己正在转动人类前进车轮的人内心当中的兴奋，这种价值感也源于与人类社会的密切联系和对实际事务的积极参与。

这些结论源于个体心理学的观察，是长期观察所取得的硕果。成为真正的人，并不仅仅是一种修辞手法，而是成为整个世界的一部分，感觉自己是世界的一部分。如果仍有这么多人未能走上正道，其原因都是他们自身的一些错误。能理解这种深层含义的人，会毫不犹豫地加入推动美好社会发展的潮流中去。

还记得人类天生脆弱这一特征吗？有一点是显而易见的：如果任由一个人自生自灭，他肯定无法生存。追溯人类历史，我们真的找不到任何个体能独自存活的证据，社会的法则总是存在的。人类在面对自然时的脆弱其实不难理解。人类没有其他生物所拥有的天然武器——没有食肉动物的锋利牙齿，也没有角或者动物的奔跑速度，既不能攀岩也不能飞翔，没有其他动物用于攻击敌人、自我防御和确保自己在地球上立足的敏锐视觉、听觉或嗅觉。人类脆弱的器官之所以可以健康存在，完全依赖于与他人以及社会的密切联系，人类以此维持个体的生命和社会的生命，而这一过程又赋予了人类新的力量。回顾人类文化，我们会发现那些创造和使用文化的人在面对大自然时力不从心，他们不得不向其他人寻求补充和补偿来弥补自己的匮乏，人类必须学会征服自然才能利用自然。因此，紧密地联系在一起是人类最重要、最伟大的发明。

在这方面我们不应该只看人类：在动物王国，我们发现弱小的动物也会为了防御或捕食而抱团取暖，而我们所钦佩的力大无比的猩猩和百兽之王老虎都不需要群居。想象一下，如果剥夺了一个人所有的文明工具，一旦他缺乏经人类智慧所设计的一切工具，那么他在丛林中独处的第一天便注定要走向灭亡。

我们的观察还得出了更深入的结论。在人类的进化过程中，他们因为自身的弱点而获得了最珍贵的东西。每每想到人类的生命和存在，除却加入某个群落而获得巨大的帮助这一因素，我们根本无法想象人类如何能生存下来。当然，也只有通过他的精神和身体构造的各种功能，才能建成这种社会群落。观察人类的感觉器官，我们可清楚地看到这些器官都是为与他人联系而设计的。一个人看向另一个人的方式，包含了他与人接触前的准备以及希望与他人产生联系的表达；一个人愿意倾听就表明了他想与他人建立联系；一个人说话的方式表明了其与同伴之间建立的关系类型。现在你能理解为什么这么多人不会正确地看、说、听了吗？排除具有生理缺陷的人，剩下的那些就是不能成功与他人进行接触的人。与器官或本能无关，人类精神生活在最开始便存在一个参照系，它促使和引导人们形成某种社会态度。

同样，婴幼儿也是因为自身的弱点而倾向于与他人进行沟通。婴儿与母亲的关系是其第一次社会培训。婴儿的所有可能性和才能都是在此社会关系中发展起来的，婴儿的"我"由此而体验到了另一个"你"。于是，这对母亲提出了一项重要任务：指导婴儿的发展，让他能在而后的生命中正确地回应社会生活的需求。一旦建立了这种模式，婴儿便会在与母亲的接触中学会看、听、说，这就是母亲的第一项功能。母亲是社会情感的源泉，她们应将这项职责视为神圣的任务。不管婴儿是如何在荏苒的时光中一步步发展的，最终这种发展会成为自动的、精神性的机制，它塑造了孩子的生命形式。语言承担着非常重要的社会功能。考量语言的发展，我们就能理解社会力量是在何处以及如何发挥功效的。"我必须模拟别人说话的方式，这样别人才能理解。"我们经常发现，如果母亲没有发挥好第一项功能，那么她的第二项功能也将以失败告终，比如，引导孩子的社会情感延伸至与他人的关系中去。我们发现孩子在应该如何对待他人这方面缺乏心理准备，这是我们最需要考虑的因素，总的来说就是对他人缺乏兴趣。由于关联感尚未建立，我们现在该在哪里找到一种方法来培养孩子的社会意识？孩子在形式和表现上都显现出对这种兴趣的缺乏，此时孩子有这样一个目标：去度过自己的一生，不对他人感兴趣，只是接受而不付出。在这种情况下，价值感已经……只有找到自己正确定位的孩子才会拥有价值感，没把自己纳入世界大家庭的孩子则永远无法理解。

我们必须在此说明，人类最伟大的才能以及智力——私有智力（或称个人智力），是不存在的。"智力具有普遍有效性。"只有理解别人，认同别人，用眼睛看，用耳朵听，用心感受，才能培养智力。理解就是以大众思维来考虑他人和事件，这也伴随着我们对社会的控制。我不想在此谈论道德和伦理之类的话题，它们都是由社会情感衍生出来的规则。只有服务于社会的规则才能被称为道德或伦理，美学也是如此。我们认为"美丽的"东西，应该对社会具有永恒的价值。犯错误是不足为奇的，我们应该随时准备好承认错误，并改正错误。虽然人们理想中的美随着时代变迁而急剧变化，但可以肯定的是，美的唯一持久形式也追求永恒，而且符合人类福祉所需。

我想提醒大家注意这种个人情感的巨大力量，它创造出大大小小的社群，也在社会中促发民族运动、政治运动或宗教运动。我们使用相同的标准来判断哪些形式是对社会有价值的，我们只认可那些在整体上具有普遍有用性的事物才是有价值的。当然，判断标准是值得各方商榷的论题，有时也很难找到精确的解决方案。人类的生活是"成为"什么，我们今天所经历的只是走向至善的路途中的一个有趣节点。那些不合群的人，那些没有社会情感的人，他们身上究竟发生了什么？

在人与人的联结中，我们应该注意到这一点：一个人如何描述和评价自己并不重要，我们不能赋予它任何价值，我们唯一能评价的只有他的行为。因此，一个人可能认为自己是自我主义者，但我们却看到了他的利他主义以及与他人合作的能力。另一方面，许多人可能认为自己是地地道道的"伙伴"，但深入了解后我们可能发现事实并非如此。这些不一定是谎言，精神世界中的错误比有意识的谬误发挥着更重要的作用。

这些错误是如何进入精神生活层面的呢？为什么我们为社群做出的持续努力发展得如此缓慢？有几个答案。很多人认为：他们无能为力，因为人类的能力受到严格束缚。这些人是悲观主义者，生命的根本目的是发展，但他们没有对发展做出任何贡献，没有帮助人类克服任何困难。

我常跟学生说起这个小故事："大家想象一下，我们的祖先坐在树枝上，也许他们还长着尾巴，思考着既然生活如此痛苦，那自己到底还能干些什么呢？他们之中有一位说：'烦躁有用吗？底下寸步难行，我们最好还是坐在上面。'"

如果说这话的人在争论中赢了会怎样？今天我们仍会坐在树上，长着尾巴。那些在树顶上的人到底怎么样了？他们死了。这种灭绝的过程是持续不断的，是残酷至极的，事实的逻辑是残酷的。毫无疑问的是，数不胜数的人因为没有从树上下来而灭绝了。某些人之所以会遭到淘汰，某些家庭之所以面临毁灭，都是因为他们错误地应对了生活提出的要求。这个过程隐晦模糊且披着伪装的外衣，人们难以窥见真相，即便在第三到第四代整个家族毁灭了，也没有人知道个中缘由。

通过进一步的观察我们发现，我们只有在生病后，因为生理或心理不健康而付出代价时，才能真正了解人类对公共生活的逻辑性需求。这些都是犯错的代价，正如爱默生所说，我们总是希望避免后果，而不是错误。

我已经指出了这一过程是如何开始的，每个人都有自己的人生定位。当有人说这个世界只关乎哲学而跟我们每个人毫无关系时，这只是空谈。我们可以看到每个个体清晰地表达了他个人的世界观。对于意识到这一点的人来说，只有发展出更好的世界观，才能真正帮助到他们。问题是：我们用什么样的世界观来取代那些看似错误的世界观呢？在世界的各种声音中，你会听到各种观念的拥护者。我们对这些声音一视同仁。我们要求的是一种包含社会情感的世界观，这就是个体心理学的哲学概念。我们正努力使之成为试金石，因为我们从个人和大众犯下的错误中吸取了教训。我们不赞成那些为使事情简单化而大声疾呼的人，他们相信只要克服困难便天下太平。社会情感只能从每一个人艰辛的创造性努力中发展出来。

母亲是生活中不可或缺的调停者。她必须发扬社会情感，指导、引导社会情感拓展到与他人的关系上。但在一些危险地带，这些行动可能会面临失败，例如，母亲自己并不是真正的社会性存在，所以她无法发展社会感觉。或者她可能是一位"同伴"，但只是为了自己孩子，而不是为了别人。她的过分亲密使孩子成了"妈宝"，从而阻挠了孩子的进一步发展。这些都是基本的错误，但在儿童的发展中还存在其他危险的阶段。

第一类是天生体弱多病的孩子。他们把世界看作泪水之谷，对于我们在其他孩子身上观察到的发展的喜悦，在这类孩子身上毫无踪迹可循。我们完全能理解为什么这些负担过重、弱不禁风、生活压抑的孩子仅关心自己而对他人冷漠。孩子的恐慌状态因此产生，以至于只为自己考虑。这些孩子自私自利的个性阻碍了其社会情感的发展。身体羸弱的孩子不胜枚举，整个人类族群与其他生物相比更为羸弱，所以这并不奇怪。

第二类是从生命起初就负担过重的孩子。那些被宠坏的孩子，他们只对一个人感兴趣，而且由始至终总是想得到那个人的帮助。一旦生活风格建立之后，它在第四或第五年开始便不会容忍任何剧烈的变化。无论孩子经历着什么样的生活，最终都会被他们的生活风格所同化，他们会通过自己的视角来观察这个世界，他们有自己的人生观——必须得到别人的支持，他们想要立竿见影的成功，却不真心付出努力。显而易见，这些孩子在任何新情况下都会遭受打击和失败。人类中有相当一部分是被宠坏的孩子，毫不夸张地说，50%到60%的儿童都有依赖性。他们的一生都缺乏独立性：对他们来说，周围的一切都困难重重，他们完全不相信自己的能力。我们可以举一个美国历史上的有趣例子来说明这种情况。在西班牙—美国战争中，美国人将与加西亚将军结成同盟。他们非常需要给加西亚将军传递信息，但无法确定加西亚将军在哪里。这个信息很重要，然而美国将军除了公开宣布有信息要传递给加西亚并询问谁能做到之外，别无他法。一阵鸦雀无声之后，有个人走了过来，接了信就走了。

一些美国小学生的家庭作业是写一篇作文："你认为谁是现代最伟大的英雄？"一个学生写道："那个给加西亚送信的士兵。"他解释说："大多数人都会说'我怎么才能找到他'，或者'难道没有人能做得更好吗'；但是这个士兵什么也没说，就离开了。他是独立的，其他人觉得自己很懦弱。"

这就是我们灵魂中所有缺陷的根源——过度的脆弱感，对自己的能力缺乏信心。

第三类孩子是那些从一开始就感到负担过重，对同伴不感兴趣的人——被讨厌的孩子，他们其实知道"同伴"这个词。这样的孩子数不胜数：私生子、弃婴、孤儿，我们的文明没有为他们创造必需的生活条件。另外还有长相丑陋的孩子，他们很快就感受到周围人的不友善，因此不难理解为什么罪犯和醉鬼中多有长相欠佳之人。在这个群体中也有长得好看的，但都是娇生惯养的个别人。他们代表了大部分有问题的个体，他们的言行举止表现出对他人没有兴趣。这些问题儿童的世界观是：让一切都按照自己的想法来。他们开始小偷小摸、离家出走、游手好闲。我们应该怜悯他们，因为每个人都觉得自己找不到同类。当他们面对更重要的任务时会怎样？事实证明他们不能正常生活。神经症患者和精神病患者试图挣脱社会的框架，因为生活中的困难对他们来说似乎是不可跨越的障碍。他们也在表明自己的世界观："我要去另一个星球，在那里没有鸡零狗碎的杂事，我可以得到自己想要的一切。"那些对他人毫无兴趣的罪犯也受到这种观念的影响，他们可以不顾及他人的感受便轻而易举地获得优越感。

我们发现以上群体都缺乏面对生活困难的勇气。他们"遗世独立"，希望所有事情都因他们而破例、简化，他们不会尝试创造任何条件来克服生活中的问题。

接下来的一类是想要自杀的人，他们对合作的兴趣微乎其微，在面对生活困难时非常胆怯，单纯的统计资料难以说明所有的不幸。只需让粮食的价格上涨，你就坐等自杀率的上升吧；或者创造不利的生活条件，你就会发现成千上万的人有反社会的倾向。因此，从助益社会转向反抗社会的趋势是非常强烈的。

世界上并没有什么理想化的社会情感培养模式，我们必须随时盯着既定目标，这不是出于道德、社会慈善的目的，而是为了科学研究，我们看到人类犯下的错误总是让人事与愿违。这对于国家来说也是一样的：当一个国家缺乏勇气时，当它对别国没有足够的兴趣时，就不可避免地爆发战争，这在世界历史上曾导致过一系列不幸事件。

我不会讨论酗酒问题，但在收笔之前想讨论一下发展社会情感是多么重要的问题。在我们的生活中，没有哪种情况是不需要培养社会情感的（之前我也提到了感觉器官的作用），它始于孩子与家庭的关系，以及与兄弟姐妹之间的关系。当孩子开始上学时，就是开始测试他的社会情感程度的时候了。比如，要与别人交往时，问题就来了："你对别人感兴趣吗？你为此做了哪些准备？"我们可以看到，缺乏社会情感会导致多么严重的后果，因为没有社会情感，个人就无法在社会中占有一席之地。

对此我们认为并不能完全怪罪到个人头上，我们必须找到除了现有的方案之外，是否还有其他的补救办法。还有一个关于职业的问题："我怎样才能让自己在工作中发挥作用？"没有一项职业活动是对他人毫无用处的。爱情和婚姻也需要对他人产生浓厚的兴趣。我们再次认识到，当个体感受不到社会归属感时，情况就会恶化。这也体现在对伴侣的选择上，一个人究竟是想控制其伴侣，还是想与伴侣建立紧密的关系呢？还有许多其他问题，它们无一例外都需要社会情感的介入。同样的道理也适用于国家命运，一个国家要对世界大家庭感兴趣，否则就无法发展。如果一个国家自大地把自我利益放在首位，别的国家就会提出抗议。我认为，个体心理学观察的结果表明，我们必须培养自身以及孩子，使我们都成为促进社会进步的"工具"。

第一章　过分自大

为了解释个体心理学家所使用的方法，各位将会看到我在回顾问题儿童、神经症患者或罪犯的过往经历时，是如何找出他犯错的背景或真正原因的。我们会发现，所有事件其实不是非得以这种方式发生的，但在这种条件下，它确实是有可能这样发生；而且，如果我们与孩子换位思考，与其感同身受，怀揣着同样错误的个人优越感目标，我们也会有同样的行为。通过这种方式，我们会发现许多以前认为应该受到惩罚的行为都不复存在了，而且它们的消失绝不令人遗憾。由此，我们将会扩大知识面并加深对人的理解，最重要的是我们能够认识到孩子或成人最内在的本质和他生活风格之间的联系。

为了让各位正确地了解我们的研究方法，我想讨论一个此刻我还不是特别熟悉的案例。我之前对这个病例史里描述的事件没有概念，我将尽量遵循以往在实践中运用的相同程序进行解读。刚开始我对案例的诠释可能会有所偏差，但随着诊疗的展开，这些偏差会逐步浮出水面。如果是这样，我就不会沮丧。我知道我跟画家或雕塑家是一样的，一开始我们都是根据自己的经验和技能进行创作，随后才开始审视自己的作品并对其进行强化、润色及修正，最终真正的艺术品才能成型。从这一点可以看出，我们与其他的心理学家大不一样，他们几乎是用数值来进行治疗的；当计算结果不如人意时，他们就转而寻找遗传的因素——一个几乎可以解释万事万物的黑暗区域；或者把责任归咎于生理过程（一个同样模糊的领域）以及其他难以检验的因素，然后心满意足地认为心理学对此无解。我们不采用这样的方法，我们更愿意承认自己的错误；同时，我们对某个具体特征与个体本身的联系有更清楚的认识，这是我们的优势。我们能以小见大，就像自然历史学科那样，我们会通过一块小骨头获得样本的信息，或者是通过窗户的一个小角落推导建筑物的构造。然而，我们比那些带着偏见来描述和理解生活场景的人更加谨慎小心，我们先是初步假设，进而调整，就这么一丝不苟地推进工作。

当我开始研究一份完全陌生的病例史时，我知道也许两个星期后我能更明确地抓住某些特征。但我也知道，就像我们这个圈子里所有受过培训的医生一样，我会得出相同的结论；但重要的是，我们非常明确一点，尽管我们可能会使用不同的词汇，选择不同的比喻，有时甚至强调不同的东西，但对我们来说，对人格统一性的考量始终是最有效的资源。我们知道，每个孩子生来就有一种自卑感并试图弥补它，因此他给自己设定了某种优越感的目标，他开始调用自己所有的能力，以便能够应对所有困难。然而，我们要区分他这种努力是朝着生命的有用方向还是无用方向前进的。有用性是共同利益，它是"常识"的最高水平，它的发展和进步都证明其对社会是有价值的。我们试图找出是什么障碍造成了他在发展道路上的偏离，找出那个异常棘手的问题。我们可在成年人的态度中追溯他面对问题时的反应，于是我们可以判断：生活前进的道路在这里受到了阻碍。他所培养出来的态度表明，他其实一直都对生活中的困难束手无策，我们将关注他所回避的问题，但我们无法给他更多的勇气。于是另一个问题浮现了：在此节点，这个人是怎么感觉到无法应对生活中的难题的？他为什么在这个特殊时刻表现得毫无准备？经验告诉我们，这种情况往往是由于他在孩提时代没有培养社会情感，所以没有家的感觉，对他人没有社会情感的依恋。这让孩子更容易犹豫不决、停滞和逃避，满足于对眼前的问题采取一些毫无用处的解决方法，这种态度其实对他人造成了伤害。

我将运用我们的技术来说明这样一个案例，这可能会追溯到十年或十二年前，那时我没见到那个孩子，但我收到了如下描述：

"我冒昧地向你提交此病例，不知教育是否能解决这种问题。这是一个十一岁的初一女生，身体各方面发育健全，在家里和学校表现都不错。"

这一陈述立即让我想到一个问题：教育能在失败的病例中充当什么角色？我们应如何处理这类病例？显而易见，应该有人和孩子谈话，向孩子举例说明道理，避免惩罚她，正如我们既往的做法那样。惩罚是没有结果的，生活风格在孩子四五岁后便已定型；除非个体觉察到自己的错误而对其做出调整，否则难以改变。一个人能用语言改变什么？只有错误。

第一章 过分自大

对于这个病例，如果我们需要处理的问题是错误生活风格的形成，而我们能够理解这个错误的话，也许就能运用我们的知识来说服这孩子，告诉孩子其正在犯下的错误只能造成伤害。如果多年后这个错误没有浮出水面的话，孩子也不知道当初自己是在犯错。现在我们认识到，当时犯下的错会通过不良的生活过程让当事人付出代价，这早晚会发生的。我们希望意识到这一点，我们也希望能解释清楚整个发展过程并使当事人明白这一道理。我们想说服孩子一点：如果没有坚定的信念支撑，他就没办法再前行一步。我们经常会遇到以下反对意见："当个人已经认识到自己的错误却不改正时，你又能如何？"如果他真的意识到自己的错误，并真的理解其中的利害关系，仍旧无视危害而我行我素，我们只能说他并没有真正意识到整个事情的严重性，我尚未接触过这样的案例。认识到错误却无动于衷的做法，违背了人的本性，违背了生命得以维持的规则。反对其实就是对错误的假性承认。不过，如果一个人确实已经和社会建立了联系，那么认识到这种错误也不是必需的。

如果我们正在面对的真的是犯错的问题，我们可以通过教育提供治疗方案。这是一个发育健全的十一岁女孩，一名在家和学校表现都很好的初一学生，她在与年龄相符的年级上课。我们可以就此得出结论，她的情况只需解决生活的第二个问题——工作的问题，让这个女孩在对的时间做对的事情。我们不会对她的职业身份有任何强烈异议，我们坚信不能将这孩子归类为低能儿童。关于低能儿童的讨论不胜枚举，仿佛低能儿童到处都是一样。

"……当孩子早晨去上学时，她的过度紧张让家里每个人都很难受。"

这种情况经常发生，上学的问题显然被过于看重了。现在我们可以理解这种关联：一方面她是个好学生，另一方面她一想到学校里的问题就变得很紧张。其实我们可以想象到，可能存在另一种情况，即孩子自己忍受折磨，但不影响家里的其他人。由此我们得出结论，她不关心家人因自己而受到的折磨，她看待事物的方式，以及她想向家里其他人传达这个问题的严重性，都说明这孩子神经紧张。我们在此想要向大家展示，她可以克服怎样巨大的困难。尽管艰难，但她克服了心理障碍，出现在教室里。现在让我们来验证是否能进一步说明像她这种类型的人特别需要证明自己的能力：

"……早上她一醒来就开始啜泣，抱怨自己醒得太晚了。"

她的家人甚至得帮助她起床。

"……她说她上学要迟到了，她不仅没有赶紧起来穿衣服，反而坐下哭起来。"

坦白地说，这让我们吃惊，我们本来以为就算遇到了很多困难她也能按时上学。我们听说她是个好学生，也许当时对于这个病例的陈述有所不当。可以推测，这句话的出现是为了强调病例的严重性。我想要质疑，我的质疑不是出于一个虚荣心，而是因为我存在怀疑：我想弄清楚这个女孩是否真的经常上学迟到。如果真是这样，我们另当别论。在我们的社会，一个经常迟到的中学生几乎不可能是一个好学生。

"……特别是，她经常抱怨自己的发型，怎样做都不合她的心意，即便是她平时最喜欢的发型也不行。"

第一章 过分自大

这也许可以解释为她只是想通过梳头发这项仪式来搞得大家不得安生，她想跟身边所有人捣乱，就在发型的问题上纠缠不清。那么问题来了，为什么这样聪明伶俐的孩子会处心积虑地给家人制造麻烦？如果有人说这是因为"恋发癖"，那么其实她正在运用僵化的心理学，这种心理学制定解决问题的规则，并遵循这些规则引入了我们所陌生的性体制，该体制解释不了任何我们之前未了解的事情，但包含着性暗示。而我们的心理学却有生命的温暖：它不需要规则。它是一种创造性活动——对人的再创造。不需要任何其他解释，我们意识到这个聪明伶俐的女孩发现了制造混乱的重要方法。

"……随着时间的推移，最后，孩子跑着出门，没吃早餐，一边哭一边抱怨。"

这种情况并不罕见，我们经常遇到这种病例。如果说我之前对她上学迟到有过一些怀疑，我之前也许觉得病例的描述只是夸大了家人承受的痛苦，那么现在我们在这里找到了她迟到的确凿证据：

"又过去了几个小时。"

任谁也难以想象又过了几小时。学校八点开始上课，孩子不太可能五点起床，她应该是七点左右起来。

"……我们试过剪短头发来解决这最后一个问题（梳头发）。"

如果我们的猜测是正确的，剪短头发完全没用。这孩子根本不关心怎么梳头发；她真正在乎的是怎么让周围的人受罪，在发型上小题大做只是引起混乱的办法之一。那么让我们来观察一下，如果没有梳头发的问题，她会怎样做。如果我们对女孩的智力还心存疑虑的话，此时这一疑虑就该烟消云散了，这就是我建议对儿童进行智力测试的原因。如果她是一个冰雪聪明的孩子，在更困难的环境下，她是否能像一个聪明的小孩一样去生存呢？比如说，她是否会找到其他方法来完成同一件事情呢？

"……但这并没有什么效果，因为发带的问题立刻出现了，她开始用同样的方式抱怨她的发带是怎么绑的。"

这意味着她很聪明，正如我们所预料的。

"……孩子没吃早餐就去上课的事，必然会在课堂上引起大家的注意，因为我无法想象一个孩子会饿着肚子坚持到十一点，同时还能专心学习。"

最后的观察表明，一个孩子不吃早饭也能坚持到十一点是可疑的。如果孩子现在的真正目的是解决饥饿的问题，她就应该说她等不到十一点。但事实上，这孩子还有另一个目标：她想用学校的问题来困扰身边的人。我不知道其他人是否可以得出进一步的结论。我们可以说，这孩子野心勃勃，无论是在学校还是在家，她都想成为被关注的中心。不管怎样，她正朝着普遍有用性的方向前进。我们了解到，她在家很听话，只有一个缺点：她时时寻求关注。她需要认同感，但寻求的方式不对。早上，当她要去上学的时候，她的主要想法是："我怎样才能让父母看到我所面临的巨大困难？"这就是我们所说的"吹嘘"（或"夸大其词"）。

如果我们现在评估这个女孩的勇气程度，我们得承认她确实正在用一些英雄式的举动为自己的问题提出解决方案，但这并不意味着她有多大的勇气，因为并没有任何人参与或关注她的这项活动,她只是为自己创造了一种防御措施而已。如果有一天她考试不及格,那将是父母的过错。人类生活中的防御过程是值得我们投入更多关注的,把这个过程标签为"无意识的"是避重就轻的做法。我们试图理解防御过程的运作机制是如何与生活发生关联的。我们都经历过这一过程,却没有给它命名,只有在建立一定的情境之后我们才能理解这一机制。

所以现在我们可以说:这个小女孩缺乏勇气。我们也可以谈谈她的社会情感的培养,这个小女孩带给家庭的折磨对她来说是不足挂齿的事情,这一点毋庸置疑。我们意识到她只关心自己是否会成为悲壮的牺牲者,她制造了一切麻烦,甚至到十一点才吃东西,这些都是为了让场面看起来更惨痛。她强烈关注自己的声望,但不关心他人的感受。

也许我们可以得出更多的结论,但我们恐怕无法验证,因为我们没有任何其他材料。我们可以问:这个小女孩的生活风格是怎样形成的?她给人的第一印象是什么?什么样的环境促成了这种生活风格的形成?她是一个有抱负的小女孩,她想成为一个领导者。如果有人问我,我会断定她是独生女。此外,考虑到母亲对食物的重视,我可以概括总结出,在这个家庭中,食物扮演着非同寻常的角色。至此,我们可以想象这孩子的外形是纤瘦而苍白的,因为如果她身体强壮、丰满,母亲便不会那么焦虑了。但是,所有这些推论并没有让我们进一步了解孩子的形象,因为我们只是借此作为一种练习,还没有能够考查验证。

关于治疗这种孩子的问题还要加上几点。这个小女孩喜欢控制她的家庭,实际上她自己也不知道她有这个想法。她了解别人的难过和紧张，这错不了。百万富翁会一直思考他拥有的财富数量吗？仔细观察，你会发现，当事与愿违时，他会变得易生气。这个小女孩处于同样的心理状态，她有统治权，因此她不觉得需要反复重申她的统治权。对她来说，拥有权力就足够了。至此我们可以理解为什么她不考虑终结自己一手造成的混乱局面，而是沿着这条路一直走下去，一直沉浸于自己所遭遇的困难之中；但如果她知晓这一切，如果有人能让她明白，她为了"吹嘘"而夸大了上学这个普通得不能再普通的问题，她就可以取得长足进步。

然而，即便如此，她也有可能不会改正错误。在这种情况下，也许我们应该进一步治疗并向她说明吹嘘的人到底是什么人。我们需要有人向她输入一种理念，并说服她：吹嘘的人是没有自信的人，只有那些认为自己无法通过行动来证明自己的重要性的人才会去找别人麻烦。也许我们还可以对这个女孩提出以下观点："如果你愿意相信我说的话，你已经很棒了，但你还能做得更好。其实你是一个非常聪明的小女孩，你可以轻而易举地将整个家庭置于混乱之中。"为了说服她，我们必须列举其他事件和回忆。她应当知道，这些经常性行为导致了不可避免的错误，归根结底都因为她是独生女。我们还应该告诉她："在独生子女身上出现这些问题是稀松平常的。"于是她可以了解到从前所不知道的事情。这种新知识会使她的思维过程复杂化，让她明白自己的行为是与社会情感背道而驰的。她会控制自己，接下来的进展可能如下：几天后，在她又把家人弄得像平时一样紧张之后，她会告诉自己："阿德勒医生肯定会断言，我这样做只是为了让自己变得有意思。"毫无疑问她会在未来一段时间继续这样做。如果她没有这么做，我可以帮助她改正。总有一天，在一片混乱当中，她会记得我是如何解释她的行为方式的，从那时起她就会摒弃一些习惯性态度。那么，总有一天她会清醒地意识到：

"我现在想把家里弄得一团糟。"

这是应对此类案例的一种简单的方法，其他方法也未尝不可，我自己喜欢使用截然不同的方法。在合适的时候，我想这样说："学校是人类生活中最重要的地方，你甚至可以从中获得更多义务以外的东西。"我会通过夸张的方式来破坏她的这种行为趋势，"你应该不断哇哇叫来强调自己的成就和自大，因为很明显，你还不满足于通过有用的方式来吸引他人的关注。"就像考斯说的，有几百种方法可"毁了良心"。"把用大写字母写成的纸条挂在你的床头上：'每天早上，我都会让家里鸡飞狗跳。'"于是，她会心怀恶意地故意捣乱，而在以前她只是无意识地捣乱，还算是有良心的。至今我还没有见过哪个病人真正采取了最后一条建议。

第二章　留级学生

我们讨论问题儿童的过往生活，并不单纯是想刻画出某个儿童的性格特征。我们希望把这些简短、轻描淡写的描述当作典型案例，并结合我们的经验，观察他们与普通儿童之间的差异，或者再一次检验我们探索心灵的能力，以及决定咨询顾问在遵循个体心理学观点时应处于什么样的立场。在阅读病例报告时，记住我们并非要详细分析某些孩子，而是要指出某些观点。我们要对这些孩子保有好奇，分析是何种生活风格让他们陷入如此困难重重的境地的。

"我们收到一份关于一个九岁女孩的报告，她是二年级的留级生。"

这样的信息让我们不禁怀疑：这也许是个低能的孩子。我们只知道这孩子正在重读二年级，但不知道她是否重读了一年级，她在学校的表现如何，或者她是否由于特殊照顾才升的二年级。如果情况并非如此，孩子是正常地从一年级升入二年级的，那么我们可以判断她并不是低能儿童。

关于低能我要说几句。在心理学领域，我们很少倾向于给孩子贴上低能的标签，以至于有时会矫枉过正，认为一个低能的孩子只是难教而已。但相比之下，将一个正常的孩子判定为低能却是更严重的失误。

提到低能这个问题，我必须说一下目前判断一个孩子是否低能的方法。如果一个孩子的智力水平比其实际年龄低两岁，我们就有理由怀疑他是低能的。我们建议进行全面的体检，以确定孩子的大脑是否发育迟缓，其内分泌是否有变化或缺陷，或内分泌腺是否功能失常，从而干扰神经发育。这种检测应该由有经验的医生进行操作，他必须确定该儿童是否有脑部发育障碍，是否患有脑积水、小脑症、唐氏综合征[1]等（我在此便不一一赘述其病症）。只有在以上两种条件皆存在时我们才能得出结论：这孩子可能是低能的。孩子出现轻微的落后问题时，仅靠以上两种检验方法是不足以下论断的，因此通常我会要求第三种检查。这一检查必须由有经验的心理学家准确地进行操作，其结果具有决定性的作用，目的是确定孩子是否有自己的生活风格。如果这孩子的目标与其他正常孩子的不一致，但他顺着自己的目标来发挥自身的聪明才智，哪怕与正常人不同，那么这孩子依然是正常的。如果他有不同寻常的生活风格，但表现出了相应的智慧，那就可以称为"问题儿童"。

我们准备将上述女孩归入以上相关的类别之一。在这样的案例中，医学检查基本上不会有什么问题，更不用说智力测验了。我们对智力测验持保留意见：我们之中没有任何人百分之

---

[1] 唐氏综合征（Down Syndrome），是由染色体异常（多了一条21号染色体）而导致的疾病。由于此症首先为英籍医生Dr.J.L.Down评述，故得名。

百地信任它。因此，我们的任务是确定这孩子是否已经形成了自己的生活风格。

"他们说小女孩感到算术特别难。"

经验告诉我们，认为算术很难的孩子往往是娇生惯养的孩子，他们不愿意独立，而在所有的科目中算术是最需要高度独立性的。在算术中，除了乘法表，其他的要素都没个定数：所有数字都是独立的且是独立的组合。我们认为，对于娇生惯养的孩子来说，除非他们以某种方式学会了如何将独立的数字组合起来，否则他们离独立思考还有很长的路要走。还有另一种类型的孩子，对算术中冗长的运算过程感到特别沮丧。这种类型的孩子起步差，也许他们一开始就跟不上，也没有得到别人的鼓励。他们没有足够的基础，感到非常绝望。"我没有数学天赋。"如果家里的任何一个成员都认同这个观点，那么我们就要考虑其家庭或许认为这是遗传问题了。

还有其他原因。我想强调一点：社会对女孩有很强的偏见。女孩们总是被别人说她们没有数学天赋，但我们已经认识到，真正应该考虑的其实是天资的问题。只要孩子不是低能，我们相信她只要有足够的勇气就能完成所有的任务。当了解到低能的孩子算术不好时，我们并没有得出任何明确的结论，因为在许多数学的特定领域中，低能的人比普通人理解得更好。

"校长认为女孩在智力上无法应对学校安排的课程，建议她参加特殊的学习小组。"

我们对此毫无发言权。

"家长却认为孩子的智力是正常的。"

父母的意见相当重要。一般来说，就算父母的判断不正确,他们也是第一个注意到孩子有心理缺陷的人。据我了解,没有父母会把低能的孩子当成正常的孩子来看待,因此,让我们暂时同意父母的意见。

"他们觉得缺乏自信是造成困难的原因。"

我倾向于支持家长的意见。到目前为止,我们听到的只是这孩子算术差。如果她其他科目都学得还不错,那就意味着她通过了智力测验,在任何情况下都无法因为算术跟不上而推断她为低能。

"父母不排除孩子利用缺陷在家中获得关注的可能性,家人在她身上花了很多时间。"

关于这一点,还记得最开始的时候,我们就怀疑这是一个被娇惯的孩子。她想用自己的方式保持有利形势,因此她试着实现自己的目标:令父母围着她团团转。如果这种阐述是正确的(许多事实证明了它的可靠性),我们可推断,一方面她缺乏自信,另一方面她又总是在寻找一个人来依靠。因此,我们假定她是一个被娇惯的孩子时提出的猜想与她的情况完全吻合。我们立刻发现她有自己的生活风格,她的目标是依靠父母,现在我们可以肯定她不是低能。校长错了,他不应该将这个孩子放在一个特殊的学习小组里。

"她的姐姐和妹妹都很有天赋,会尽力帮助她。"此处充分说明女孩的处境——处在两个有天赋且独立的姐妹中间。我们可以猜想之前发生的情况,女孩有一段时间是家里最小的孩子,之后情况突然发生了改变,在她之后家里又添了一个妹妹,她突然有一种像被疏远的感觉。另一方面,作为第二个孩子,她又比不过姐姐。至此,我们以前治疗家中老二的案例经验可以帮助我们分析这个案例。老二的理想是超越其他兄弟姐妹。我们可以假设她努力地追赶姐姐，只要她想赶上姐姐的目标还存在，她就多多少少会努力朝着正常的方向发展，但她没有成功。她与一群在家中排行老二的孩子一起上课，他们都失去了变得像哥哥姐姐一样优秀的希望，更不用说超越了。她在有些恶劣的条件下长大，在生活中感觉自己和别人不平等，于是开始感受到强烈的自卑。如果在她之后家中还出现第三个孩子的话，那么这个新的敌人会彻底让她认输，她会开始感到绝望，尤其是对那些她无法迅速完成的事情。算术似乎就是这样的问题，因此，她对算术的态度与我们所预测的一般，她失去了希望——是她对待算术的态度使她无法成功。

但这个女孩去哪里追求优越感了呢？她为追求优越感所做的努力有迹可循，这在某种程度上算是家中老二的特点。她的算术学得不好，可能其他科目也一团糟，最后不得不留级一年。让我们换位思考一下，一切都在不断地朝前发展，她竞争不过，所以放弃了，但她必须找到另一种方法来超越姐姐。问题是：我们在哪里可以看到这种努力？她只能以某种方式获得成功，但这种方式已经失去了价值，她只是为了获得父母的持续关注而已。父母都围着她转，因为她是问题儿童，是大家都必须关注的中心。对于她的智力是否正常这一问题，答案不言而喻。如果各位还有任何疑虑，让我们再换位思考一下：她走向有用人生的路行不通了，她还能做什么？人类希望能作为一个个体、一个人去贡献意义和价值，只有怀揣着这一希望才能活下去。如果是我，我也会选择同样的做法。由此我得出一个大胆的结论：这个女孩为了实现一个错误的目标而机灵地采取行动。成为家庭中心只是一种虚构的优越感,一个迈向生活无用性的目标。只有在常识领域、在社会情感方面才存在真正的优越感。这个孩子没有根据常识来行动,校长正确地看到了这一点,但他错误地从中得出了女孩天性迟钝的结论。

"她在家庭中的行为有点儿霸道,在社交活动中也不肯合作。"

这正是我们预测到的信息。孩子并没有放弃她的努力,她很专横霸道,对每个人都高高在上。在社会中,她只参加自己起主导作用的活动。

对该问题的治疗,我有一些想法,我坚信能让孩子减少寻求父母的关注,在算术上取得进步。如果她已经完全放弃了在重要事务中赶上姐妹们的希望,放弃了与姐妹们比较的冲劲,那么唯一能做的就是鼓励她。事实上,这是我们处理这一问题的最重要的方式。如果她还没找到一个有用的明确目标,那么我们不能期望她的霸道行为、霸道个性、占有欲会减弱。

我们必须为这孩子开辟一条道路,我相信有些家长不需要理解这个观点,也可以在此取得进展,我们深信她有彻底改善的机会。我曾经说过,即便有人对孩子的看法是完全错误的,认为这是她自身的问题(如婴儿的性发育问题)造成的,照样可以取得进展。基于这些理论的方法也是可以鼓励孩子的,哪怕只是跟她说她的问题很有意思且会吸引别人关注她都行。他们可以喋喋不休地畅所欲言,只要确保这些鼓励能照亮孩子的灵魂,孩子就会不知不觉地向前走,而治疗她的医生会骄傲地说他们的方法是正确的。

我们主张鼓励孩子,但鼓励也非易事。我们怎样才能做到这一点呢？我们必须循循善诱，使孩子变得更加独立，必须让她相信自己有能力解决算术问题，确保她获得自信，看到她填补了自己知识领域的空缺。光靠言语鼓励孩子是不够的，我们还要把孩子拔高到同学的标准。如果她开始行动了，而一周后马上要面对一次考试的话，毫无疑问她会败下阵来，因为差距无法在如此短的时间内填补上，我们必须估算用时。同时，她需要足够的时间，在这段时间里不能要求她参加考试，要把她当作已经和别人一样优秀了，否则老师的努力都会白费。如果不按此进行，就很难再鼓励孩子了。当一个人鼓励他人时，他必须先建立一种能激发自信的心态，引导被鼓励者进入一种开放接纳的状态，把被鼓励者当作朋友。我们不能表现出优越性，这会压垮孩子，也不应该过于苛刻。这些孩子一直受到严苛的对待，最后的结果就是让孩子觉得停滞是有道理的。为了扩大孩子的信任圈子，我们得让孩子和老师保持友好关系。这个问题女孩只相信她的父母。她在学校表现得很糟糕。实际上，她的努力仅针对她的父母。如果一个陌生人成功地扩大了她的信任圈子，她的社会情感就会增强，她的信心也会大增。这可以清除最大的绊脚石：孩子觉得在这个世界上除了父母的圈子之外没有立足之地。赢得自信的行动应该在采取其他措施之前实施。我们发现自己回到了教育的源头，其实母亲应该首先获得孩子的信任，唤醒孩子对别人的兴趣、对生活问题的兴趣，使孩子在社会中找到立足之地，这会给予孩子勇气、独立性和平等感。

再次回顾这一案例，导致孩子变得迟钝的原因一目了然：据说孩子的姐姐和妹妹都很有天赋——这可不是偶然间的感受，而是她每天、每小时都在经历并体会到的。这个患者总认为自己与姐姐、妹妹是不平等的。在这里，她的基本错误显而易见。我不能判断为什么其他两个孩子要展露自己具有天赋的事，但我可以说，第一个孩子在妹妹出生的不利情况下振作起来了，因为她在老二出生之前有着不可动摇的地位；但老二在小妹妹出生的时候没有调节好。如果再加上最小的妹妹野心勃勃的性格，你就能够看出来，已经灰心丧气的老二现在再次受到小妹妹的出生所带来的伤害。我们提出一个问题：母亲去哪里了？姐姐和妹妹似乎得到了母亲更多的照顾。这个老二想把别人的注意力转移到自己身上，这引起母亲的反感，母亲也没能好好地教老二对他人、对姐姐妹妹或对生活问题感兴趣。这女孩仍然像婴儿时期一样处于依赖状态，即使在今天，她所呈现的也是一个无助婴儿的特征。

第二个病例：一个九岁的三年级留级生。

同样地，在沟通过程中我们意识到，如果这个女孩能正常升到三年级，她也不会是个低能儿童，肯定是发生过什么事情让她在学校再也不愿上进了，让她觉得学校不再是令人愉快的地方。

"特别喜欢抱怨，有说谎和偷窃的倾向。"

根据说谎这一现象及其心理结构，我们很容易看出，在她所处的环境中，有一只令孩子害怕且力量强大的无形之手。正常情况下，如果孩子们足够坚强，他们会说出真相。由此我们得知孩子感到很不自在。当你听到一个孩子有说谎倾向时，其实就是他软弱的表现，这是一种掩盖自卑的补偿行为。通过说谎，孩子从此不会再表现出弱小，不需要去注意他人，也不用强迫自己承认别人更强大。

说谎有两种基本形式：第一种是出于恐惧而说谎。恐惧是自卑感的一个方面。当一个人感觉足够强大时，他就不会恐惧。第二种是靠说谎来夸大他所认为的现实中的自己。幻想源于高度的软弱，这也是对软弱和自卑感的一种补偿。如果碰巧有人想要在此区分有明确目标的谎言和其他谎言，那他就错了，所有谎言都是有目的的。

现在，我们将寻找刚才提到的强有力的手。当了解到这孩子喜欢偷东西时，我们认为她应该有强烈的自卑感，倾向于用狡猾的手段回避他人的优越性，这进一步证实了我们的想法。偷窃的心理结构是指某人能力不足，企图充实自己，以弥补自己的不足。他并不在乎生活的有用性，而是靠一种与说谎类似的伎俩去实现目标。偷窃也是一种对强者的以智取胜，企图用狡猾的方式与强者平起平坐。我之前已经表明，我们永远无法从小偷身上找到勇气。我们可以清晰地看出其性格逻辑：这孩子表现出了她的怯懦。我们不好断言在同一情况下别的孩子是否会说谎，但我们清楚地知道，如果这孩子很坚强的话，那么她说谎和偷窃的行为就让人不得其解。在这种情况下，如果她还继续说谎和偷窃，我们则认为她是低能的。我们相信这个女孩的心理肯定十分软弱，她想通过扮演典型的弱者来摆脱自己的困境。

但这孩子表现得很聪明。在某些情况下，我们可以原谅谎言，因为我们认为它符合其目标。我们可以原谅一个人偷窃，但不幸的是，只有当他快要饿死的时候，我们才会发现他的偷窃是有其理由的。我们必须观察事物之间的相互联系：说谎和偷窃是我们的初次观察，我们得出的结论是她感到不自在。

"自战争结束后，她的父母就分居了。"

我们经常在问题儿童的案例中发现这种情况。[1]这位母亲没有成功地取得孩子的信任：她没有实现母亲的第一项功能。现在我们来看看这孩子是否转而亲近父亲。孩子与父亲之间的亲情关系一般属于第二阶段，此阶段的前提是孩子已经与母亲分开，只有当孩子觉得母亲不是一个真正的朋友时，这种情况才会发生——通常情况下，孩子有这种感觉是不合理的。当第二个孩子出生时，许多孩子都疏远了母亲，因为他们认为这是母亲的背叛，他们开始批评母亲，这往往是生活风格形成过程中出现谬误的起源。

现在让我们观察父亲是否已经实现了母亲的功能。在家庭破裂的情况下，这并不容易，特别是当父亲每天忙得不可开交时。那么第二项功能，即社会情感的发展还有余地进行吗？我们得知孩子偷窃并说谎，这说明她没有发展高度的社会情感，她就像在敌国里长大一样。当我们得知她考试不及格需要留级时，我们知道这无助于她对老师产生亲近感。你可以看到，如果这孩子把人类都看作敌人，那么她将陷入一种依靠自己的力量无法摆脱的困境。她对他人的不信任和敌意，意味着她没有朋友，她对新的生活也不抱任何希望，她在学校里完全找不到出路。所有这些都导致孩子步履维艰，使她更坚信生活中危机四伏。可以想象，谁都无法为她搭桥，许多人会因此气馁。

---

[1] 吵架的父母不利于孩子的发展，从统计数据和个人经验来看，父母分居的孩子进步缓慢。我们惊讶地发现有许多这样的严重案例。"她可以选择留在母亲身边，却不愿意。"这句话印证了我们之前说过的话。

这就是我们从目前得到的资料中所能分析的,我们正在等待新的证据来证实或反驳我们的结论。

"这位母亲总是对她毫无感情。"

果然,这就是我们所猜测的情况。

"她几乎是厌恶孩子的,女孩非常依恋父亲,即便父亲经常惩罚她,因她做错事而打她,仍是如此。"

在某种程度上,这仿佛是矛盾的。别忘了,如果我们的分析方向是对的,那么这孩子在世界上只信任一个人,至少是部分信任,这就是为什么父亲的殴打并没有给她留下深刻印象的原因。如果父亲抛弃她,她就孤苦无依了。除了惩罚孩子之外,父亲似乎还有他的优点,因此孩子认为他比母亲更有吸引力。

"在这些时候,她保证以后会表现得更好,但她总是重蹈覆辙。"

我们假设一下,如果孩子在受罚后不保证会改过自新,或者她认为自己不想改过自新,结果会是怎样呢?她不能玩这个把戏,父亲会大失所望。所有的孩子和大人都会自然地认为,这种毫无希望的情况没有出路,这种绝望的情况代表着对自己和对他人的巨大危害,因为当事人已经摒弃了所有的社会情感。在现实中这意味着:如果我让父亲失去所有希望,他会把我撵出去。然而她又重蹈覆辙了。我们不会像她父亲那样感到惊讶,因为我们知道孩子觉得一无所有,她的目标是充实自己。她感到自卑,不敢实话实说。我们不应该忽视学校与家庭之间的紧密联系,你可以想象一下,当家里知道她成绩这么差时,会有什么反应。当我们给她一个低分之后,事情并不会就此停止,它会继续发酵。也许孩子会在家里受到惩罚,或者接受辅导,或者辅导老师也会受到责备。从个体心理学的角度出发,以上结果都不是我们希望看见的。为什么我们赞成取消给她成绩?因为这样孩子就无法预见成绩会给她造成什么伤害。如果老师在打分时能考虑到她的家庭情况,治疗或许会变得简单些;因此在这个案例中,评分系统不再有存在的必要。如果孩子背上了成绩这个沉重的负担,她在家里就会战战兢兢地过日子。

"由于工作的关系,父亲不能跟孩子在一起,于是把她交给爷爷奶奶照顾。然而,爷爷奶奶并没有照顾她很长时间。"

我们经常看到爷爷奶奶宠溺孩子的现象,然而这个女孩却十分不幸,连爷爷奶奶都不要她。此外,这孩子的名声可能非常糟糕,而且众所周知。于是新的困难就来了,每个人都认为这孩子充满敌意,然而她却是切实体验到了周围的敌意的那个人。至此,你可想而知,这孩子是如何困在这个死循环里面的。如此一来,你就能理解她想要摆脱困境有多困难。即便是成年人要摆脱这种困境都举步维艰,我们还能期望一个孩子怎么做呢?

"然后,她搬到养父母家,而她的父母也住在附近。"

这种改变对她而言算不上什么改善。她不想和母亲在一起,父亲又没有时间。她和养父母住在一起,感到无依无靠,因为她失去了她唯一信任的人,她认为自己被剥夺了一切。此外,她不许去看母亲。这是最严重的错误,会导致孩子无法或很难与父母中的一方建立关系。当然,现实也许有理由能证明这样的禁止是正当的,例如她存在犯罪行为或明显的不道德行为，但是相关部门的人应该看到他人并没有受到孩子的攻击或诋毁。这种贬低伤害了孩子，因为它会令人联想到孩子的家族先天就有某种坏品质，而孩子继承了这种不良的个性特征。

"尽管有这项禁令，她还是去找了她的生母，偷了她的钱，并用这些钱买糖果然后分给同学。"

这种赠送赃物或糖果的做法在儿童或青少年的盗窃行为中十分突出，它表明当事人有吹嘘的需求，想使自己的形象变得更高大。这一行为也同样清晰地呈现出另一个信息——孩子想让别人喜欢自己。当听到这个感觉自己被遗弃的孩子给别人送礼物时，我们必须把这个特点解释为孩子在寻找那份母亲拒绝给予、父亲偶尔给予的爱，但她获取爱的过程似乎对她构成了严重威胁。她还是个穷学生，她能做些什么让自己值得他人尊敬呢？除了贿赂其他孩子，别无他法，这就是她现在正在尝试做的事情。她在寻找感情和爱，也许这就是孩子最强的驱动力：偷东西送礼物给别人而使自己更充实，但这也是弱者的方法。她是一个没有足够自信、相信自己能够被爱的孩子——你也可以在成年人中发现这个问题。

"她还以同样的方式卖鸡蛋。她偷了养父母的鸡蛋，把它们卖给了一个想买鸡蛋的老师。"

这时她扮演了一个为老师提供食物的角色。我们不知道她是想把鸡蛋送给老师，还是把鸡蛋卖给了老师，但不管是哪种情况，她都为老师提供了服务。如果老师没有明确表示想要鸡蛋的话，她肯定不知道老师想要什么。

"人们在学校里听说了这些小偷小摸的事，从那时起大家就对她避之不及。养父母不想再收养她了，因为他们发现她偷了好几次东西，大部分是食物。"

我们不知道她偷食物来做什么，也许这个觉得自己无依无靠的孩子感受到特别强烈的饥饿感，因为孤独感和饥饿感是交织在一起的。衣食无忧者对于食不果腹之人的饥饿是不可能感同身受的。

"这种情况发生后，父亲决定再把孩子送出去。"

你可能意识到恶性循环的影响力了。

"这个父亲一贫如洗。"

从这一点我们可以总结出，孩子要想获得食物也很难。

下面的评论非常重要：

"因为母亲缺乏感情以及周围人对孩子指指点点，孩子对每个人都充满了敌意，她的盗窃行为可能有一部分是她内心叛逆的表现。在所有关于这类情况的案例中，孩子对社会的适应变得更加困难。"

第三种具有明显自卑感的儿童案例：缺乏爱的、私生的、被遗弃的孩子以及瘸子。我们常常从这些孩子的身上观察到，他们都觉得自己受人唾弃，无论这种感觉是对的还是错的。我们必须纠正这个错误：必须让孩子明白，即使他的猜想是对的，他也没有理由相信世界上完全不存在对他友善和接纳他的人。而这孩子的情况并没有那么糟糕，因为她的父亲关心她。然而，父亲也无能为力，最后只好把孩子送走。孩子肯定能感觉到父亲的关心，她一直深信父亲不会离她而去，而这就是她被困住的原因——每个人都把她当作敌人似的。她的社会情感无法得到发展，所以我们看到了最显著的症状，也就是犯罪的端倪——说谎和偷窃。

我们还注意到了另外一些东西，使得情况看起来有所好转。这孩子寻求爱，因此要想获得她的信任不会太难。我们必须唤醒母亲的第一项功能，她必须摆脱错误的印象，即人性本恶的印象。我们需要给她补充一些关于人性的知识。在已列出的治疗方案后面，我们还要加上一条：必须将孩子从困境中解救出来。

"孩子给人的印象是她非常需要关爱和安全感。"

这证实了我们通过第一手资料所做的假设。孩子仍在寻找，尽管尚未找到，但她的勇气还没有消失殆尽。

最后，我想和大家分享一下我在阅读案例时萌生的想法。让我们思考以下几点：这孩子来自贫穷的家庭，饥寒交迫，没有希望，也没有前途，一边长大一边寻找爱和情感。她会变成什么样的人？

假设她失去了信心，不再对找到对她感兴趣的人抱任何希望，那么当她长大后，有男人讨她欢心时，她能感受到他的爱吗？假设孩子已经失去了寻找愿意接受她的人的最后希望，不再相信自己能找到爱，在学校也没有容身之所，又没有家，只能在街上游荡，那么她很可能会碰巧接触到一群流氓，开始走上犯罪的道路。或者她会独立前行，寻找赚钱的捷径。她可能会习惯性偷盗，很可能一直继续下去。最后，略去任何其他的可能性，她将成为一名惯偷。她会对寻找出路彻底绝望。她会行窃，同时很明确地知道如果被抓住将会坐牢，但她又幻想自己可能不会被抓住。如果被抓住，她会在监狱里接触到其他罪犯，她们会教她用更狡猾的方法去行窃；而一旦获释，她可能因为更严重的犯罪而处境更糟。

第二章 留级学生

那么,应该如何改善这种情况呢?会有人认为在这种情况下可以给她鼓励打气吗?这是可能的。如果能提供我们所认为的必要服务——鼓励和教导她理解自己的错误,对她的帮助才能真的派上用场。只有通过这样的服务,孩子才能真正得到帮助。当然,有些受委托照顾女孩的老师,即便在没有实际了解女孩的情况下,也可能偶然地完成最重要的任务,那就是:给她勇气。

第三章　父亲阻挠社会情感的培养

我现在要讨论的病历比较不同，它特别简洁，我会尽力解读，因为我没有更详细的资料进行补充。我们必须学会通过简短的报告进行观察；当然，如果起草报告时内容更全面广泛，自然更好。如果按照这个思路，我倒是有个有趣的建议：将问题儿童、罪犯、神经症患者、酒精中毒者等详细的过往经历报告发送到各心理学派的著名学者处，请求他们解读这些案例并推荐相应的治疗方案。如此一来，现代心理学中那些费解的现象会迅速明朗起来，许多骄傲自大的专家会突然销声匿迹。在实践中实现这一提议仍需时日，我们想利用这段时间来培养自己的判断能力以及报告分析能力，我们决心找到有效方法，来使患者避免或修正其生活风格中固有的错误。

这份报告是关于一个正在上小学一年级的六岁男孩的，简介如下：

"在孩子和家人一起生活之前……"

这意味着他之前可能和养父母住在一起，或者住在孤儿院。不管是否有利，类似的情况已经发生。

"……他在住院，和养父母住在一起。"

看来这孩子是私生子，下一句话证实了这一点：

"他是父母未婚所生的孩子。"

针对这一现象，我们的立法取得了进展，尽管如此，这并不代表我们就无须重视它。即便立法让私生子女与合法子女处于同一地位，但私生子女仍然会与养父母一起度过其幼年时期。这一事实本身就给孩子的生活留下了不可磨灭的印象，不是因为他所处环境比和亲生父母在一起时更差（通常会更好），而是因为跟亲生父母在一起生活对孩子来说至关重要，因为我们相信社会对私生子的普遍态度不会跟随立法的脚步而进步，即使是在今天我也希望你们不要作为私生子来到这个世界。

"生活条件：父母很穷。"

这让我们认为孩子是和自己的亲生父母在一起的，但他是结婚前出生的。

"他们相处得还行，靠卖报纸过日子。父母和四个孩子（分别是一岁、两岁、四岁、六岁）都住在一个小房间里，晚上他们就睡在两张床上。这个男孩是最大的孩子，和父亲睡一张床。父亲患有哮喘，晚上经常无法入睡。每当这种时候，他很容易迁怒于男孩，并殴打他。"

所以说，孩子不仅要和父亲一起睡，还要挨揍，这太过分了，这两种情况哪怕是其中一种就够人受的了。

"据说父亲对这男孩没什么感情，更喜欢四岁的妹妹。"

我们又要处理一个熟悉的问题了：哥哥和妹妹的关系。

即使我们撇开所有其他的困境,男孩目前的境地已经相当糟糕了。我们知道老二总是喜欢竞争,不断试图超越老大。如果老二是女孩,老大是男孩,那么情况就会更糟糕。身为老二的女儿不知何故意识到了男孩的特权地位,并想表明她和哥哥一样优秀,甚至比哥哥更优秀。妹妹获得了自然规律的助攻,因为女孩在十七岁之前都比男孩发育得快。男孩对此自然规律一无所知,只觉得自己落后了,并接受了自己的命运。这就是为什么我们会惊奇地发现,处于这个阶段的男孩大多不太活跃,很快便失去希望,并且试图通过不正当的手段得到他们想要的东西(当然,中间发生的情况可以改变这种状态)。男孩放弃了行动,妹妹却不一样:她精力旺盛,意志力强;当遇到阻力时,她变得倔强,顽抗到底。总的来说,妹妹发育良好,机灵活泼、积极主动,是个更优秀的学生。家长们经常会说:"为什么这儿子不是女的,女儿不是男的?真是糟糕。"我们一而再,再而三地发现,这些男孩最终会变坏,屡屡犯错,发展成严重的神经症,有时还会变成罪犯并酗酒。有人觉得有义务指出:讨论本能的意义是什么?当家里的老大总是表现出典型的特征,而老二(女儿)也具有典型的特征时,谈论天生的能力有什么意义?我们可以通过正确的方法改变这种情况,但只有当我们理解这种危机,并且不会采用未经证实的错误方法时,我们才能防患于未然。

"这孩子说去年他有好几次都是半夜才回的家……"

以我们的观点很容易得出结论,孩子可能不是特别想待在家里,否则他会早点儿回家,他给人的印象是试图拉开自己和家之间的距离。我之前已经分析过这种情况,如果谁离家出走，这表明他在家里感到不自在。

"……警察在街上先后抓到他五次。"

很明显，他也未能逃离长兄和妹妹的普遍命运。此外，他在现实中的地位糟糕至极。

"他曾在糖果店和电影院门口乞讨。"

通过孩子退居次要地位的感受，我们很容易理解这种情况的发生。家里微不足道的食物也没他的份儿，他只好离家出走，可除了乞讨他还能做什么呢？或者是去偷窃。我们对此也觉得是意料之中，这完全是我先前讨论过的情况，由长兄和妹妹之间的关系模式导致的结果。

"在学校的表现……"

这是我们比较容易猜测到的：如果这个男孩能表现得好一些，他就能挣脱命运的牢笼；既然他没有挣脱，我们可以断定他在学校也是个差生，一匹害群之马。让我们一起来看看报告是怎么说的。

"孩子每天都是脏兮兮地来学校，头发乱七八糟，衣衫褴褛。"

就衣衫褴褛这个问题而言，可能没人会责备他。但是从其他角度来看的话，我相信他与妹妹在六岁时的穿衣打扮肯定不一样，六岁的男孩已经可以自己洗漱和梳头了。

"他不能安静地坐着。"

在学校不能安静地坐着？这是不对的。在学校学生必须安静地坐着。如果他不能安静地坐着，那就意味着他不想上学。在学校里坐着与在其他地方坐着的含义大不相同：它是一种社会功能，儿童与学校的社会整合是以这种生理态度来体现的。

因此，当我们得知他不能安静地坐着时，就可推断他没有社会情感，对老师、其他学生、学校以及学校安排的任务不感兴趣。那么他都做些什么呢？我猜他做的事还有些狡猾。

"他在教室里走来走去，在老师说话的时候唱歌，模仿同学们回答问题。"

这不已经是逃避的迹象了吗？但是逃避并不容易，肯定有某些威胁性的事件发生了，这些事件会向他的父母发出警告，警察会尽全力把男孩送回学校，他根本无处可逃。毋庸置疑，这个男孩宁愿从学校逃走。他可以继续在学校表现得糟糕透顶，然后被赶出学校，达成目的之后他就不会再冒任何风险了。

"他找同学们吵架。"

这里明显表现出他对他人的不尊重。以下陈述也说明了这一点：

"他会对每个人推推搡搡，看到有人摔倒他特别高兴。"

我们再次看到他缺乏对他人的尊重。这样的男孩长到十岁或二十岁时会干什么呢？在学校里，他熬过了痛苦的经历，就像他乞讨时一样；他也不愿意待在家里。这之后意味着什么？答案其实很容易猜到。他实在是太缺乏社会情感了，以至于到目前为止只有一条路可走：因为他仍然有点儿活跃（并且将快乐建立在别人的痛苦之上），而且他总是试图激怒别人，所以他只能走上犯罪的道路。

"不久前，他差点儿掰断了同学的手指。他驾轻就熟地说着脏话，他很机灵，回答问题总是很顺畅，算术也很好。"

我们对算术这一点毫不惊讶。我们清楚地认识到，这个男孩肯定总是在计算：是否会得到可以果腹的食物，乞讨可以挣到多少钱,等等。这样,他学会了评估东西的价格,他必须计算。这不是说他就是数学天才,而是说他练习得不错。

"他不太愿意写字,在他极少愿意写字的情况下,写出来的字也很差。"

关于这一点,我开始考虑他是否是左撇子。这个能干而机敏的孩子不是应该能做好每件事吗?我有理由相信,除了其他的不幸,他不得不受到右手的连累,他的右手(在使用功能上)不够灵活。

"在绘画方面,他还处在涂鸦的阶段。"

这也表明他是个左撇子。

还有一个更重要的说明:

"这孩子是外国籍,政府管辖的相关收容机构不会收留他。"

他离实现自己被学校开除的目标不远了。他差点儿就做到了,在他发起的游戏里,老师所做的一切都正中下怀。不幸的是,他是一个外国籍的孩子,我们不知道什么样的收容所能收留他。如果他就在这样的收容所里长大也还行,但在这样的机构里,他也不一定能找到人可以理解他的境遇。这二十五年来,我们一直想让人们理解这些年幼儿童的报告的意义,及其对人类未来发展的重要性,但是没有一个机构认真研读这些资料。如果这男孩继续承受这些体验给他带来的危害,认为总会有人超越自己,自己将永远一事无成,自己必须逃避,必须狡猾地绕开生活对自己的要求,那么他也会以同样的态度进入收容机构,不自觉地玩同样的把戏。他也会在这里开始垂头丧气,不会期望进入一个愉悦的状态(例如当一个领导者)。

然而，他想成为一个领导，希望每个人都仰视他，希望成为众人关注的焦点。而且，从某种意义上说，他已经成功了——全班同学都对他侧目，没有人像他那样占用老师那么多时间。其实他已经是最重要的人物了，他在家里得不到最受重视的地位，因为妹妹是家里最重要的人，因此他就要在学校引人注目。他通过聪明机智实现了这一点，因为他的行为就是不想带来任何实际的对生活有用的效果，他为自己设定了个人优越感的理想目标，并遵循目标前进。现在整个管理部门只关心怎么处置他，他还真是成功地实现了自己的目标！如果这个男孩想思考正在发生的事情，他会自言自语道："如果我静静地在学校里坐着，如果晚上我不害怕父亲的殴打，谁又会注意到我呢？"从某种意义上说，他是对的。当我们准备为他治疗时，我们不能否认也不能忘记这一点。如果要努力使这个男孩摆脱挣扎，转而承认自己的行为，辅导员并不比其他心理学流派更成功。这孩子希望有人能赏识他，这种趋势是无法遏制的，所以我们必须为他找到一条充满希望的道路，我们必须为他加油鼓劲，让他相信自己有能力成为有用的人。他之所以万念俱灰，是他认为自己绝对没有能力。弗洛伊德学派的专家会说：这些是原始社会的返祖本能，这个男孩想杀死他的父亲。因为他不相信自己有能力杀死父亲，所以他就去老师那里碰碰运气。老师会因为这个男孩变得很暴躁，也许他会染上一种重病而去世，那么这个男孩就达成了他的目标。

但现实并非如此，这些问题不是某件事的开端，而是后果。毫无疑问，男孩会很高兴扮演一个像他妹妹那样的角色，但这种机会从一开始就被排除在外。他并不坏，甚至是个好孩子，就像所有来到这个世界上的孩子一样。他在发育的过程中，没有人唤醒他的内心，所以他的社会情感的发展受到了阻碍。那么谁是最适合这个角色的人？母亲。我们得知孩子一出生就住在医院，与父母一起生活之前一直在外寄宿。他是个私生子，而两年后，一个女孩出生了，并成了家中最受欢迎的人。还有谁能在孩子身边告诉他，世上会有其他人也是我们的伙伴？我们并不怀疑他有能力担当一个对社会有用的角色，他需要的是找到一个能让他觉醒的人，这虽然不易，却是可以做到的。这还是履行第一项功能的问题，这项职责通常是母亲的责任，但到目前为止还没有人替她履行。孩子需要有一个人在这方面代替母亲，必须由他最亲近的、可信赖的人来扮演这个角色。一旦有这么一个人出现，这个人还应该承担起母亲的第二项功能：扩展这种觉醒的社会情感，将其延伸到他人。这本来应该是父亲的角色，但我们获悉他已不能培养这一社会情感了，妹妹们也帮不上任何忙。我们这门心理学的技巧就包括想方设法找到人取代母亲并实现其第二项功能。

我不相信任何聪明人会责备我们的"猜测"或在这种技巧的运用中取得了某种技能，事实上，我认为培养学生的猜测能力是一项首要任务。我们的猜测不应该与那些不了解个体心理学的人的随机猜测相混淆，他们觉得当自己说出诸如"自卑感""社会情感""创造优越感""补偿""过度补偿""人格统一"这样的术语时，他已经"猜到"了我们所赋予这些概念的意义。这就像有人只是瞥了一眼琴键，但他对演奏的艺术一无所知。

所有伟大的科学进步都有一部分是靠猜测获得的。如果有人辛辛苦苦地把一个符号摆在另一个符号边上,但不开展任何创造性行为,那只是一种毫无成果的实验。某些人所说的"直觉"可能和猜测是一样的,尤其是学医的人,他们更不应该怀疑诊断的能力实际上就是猜测(完全类似于个体心理学),当然这是基于大量的经验,与人类生活规律的理解相联系。

我们可以以经验为基础并坚持:我们能够从小的迹象中得出关于整体结构的结论,能够从人们行走过的足迹中推断他们的生活风格。我们不会盲目地通过只言片语来下结论,而是通过进一步阐述该报告来证实我们的假设。如果证实了我们的假设是错误的,则有必要进行改正。前者是个体心理学专家的处理过程,后者是初学者的处理方式。

报告决定了我们对这些孩子的了解程度,但这些报告是不完整的,因为撰写报告的人不清楚我们感兴趣的是哪些部分。相对于父母能把孩子带来,并给我们提供具体信息的病例,我们现在面临的困难更大。在这种情况下,我们可以把问题导入我所感兴趣的方面,包括:(1)孩子是在什么样的困境下犯错的?(2)孩子以前有什么特点?无疑,我们可以得出这样的结论:我们面对的孩子无法解决生活难题。不管孩子遗传了什么个性特征都不重要,因为任何遗传的东西都发挥不了作用。当孩子缺乏社会情感时,只要他面对的生活问题需要社会情感来解决,我们总会发现他缺乏一种特别的安全感。现在我们的思路对了,因此我们要做的就是找到他未能充分发展这种社会情感的原因。我们发现任何有严重问题的人,如问题儿童、神经症患者、酗酒者、性变态者、罪犯或有潜在自杀倾向的人,都不能确定无疑地表明自己能解决生活问题,因为他们在社会情感方面没有做好恰当的准备。请务必牢记这个观点，它是我们与其他心理学流派的根本区别。

老幺的叛逆

"这是个四岁的女孩，她不是独生子女，但她是最小的。"

我们对老幺的特征已经非常熟悉了，然而我还是要在此重复一遍，出于家庭地位的原因，老幺总是努力想跟上比自己大的孩子，如果可能的话甚至想要超越他们。老幺从一开始就有明显的自卑感，因此也更难形成社会情感，并且更倾向于无视社会而偏向于个人优越感，但这并不意味着孩子会自然而然地在社交领域失败。当他的希望还没有受挫时，孩子是可以在正确的轨道上发展的。但如果他看不到希望，就会处处跟人作对，他会寻找最简单的办法，试图背地里使坏。在生活中，他会嫉妒别人剥夺了自己的东西而导致自己的心灵备受折磨。在不会自我批评也意识不到社会的重要性的情况下，他呈现出来的所有特征一览无遗。孩子的生活风格和人格结构都因其是家中最弱小的人而受到影响，如果我们还记得《圣经》中约瑟的故事，还有那些关于老幺的故事，就会知道这类事情其实由来已久。不管孩子遗传了什么，没有其他因素能起到如此重要的作用，自然法则把他置于老幺这一地位，他必须扮演这个角色。这种情况可以往社会有用的方向发展，即在社群的框架之中发展，也可以往无用的一面发展。相比那些在四五岁时没有因为自己是家中老幺而承受太多痛苦的人，老幺所受到的诱惑更大。

"她吮拇指。"

这种习惯早在四岁以前就该改掉（当然所有的孩子都会偶尔吮拇指）。我们可以立即得出以下结论：父母没有成功地通过孩子能接受的方式让她改掉坏习惯。如果他们开始纠正她，就会发现她将接受这一挑战。他们越想改变她的习惯，就越难成功。她会不断地用吮拇指来吸引注意力（也可能是因为吮吸的行为可带来一种遍布全身的愉悦感，否则很难理解她为什么还会把其他东西放进嘴里）。

哪里有吮拇指的孩子，哪里就有战争。我们可以更有力地进行说明，毕竟吮拇指不是孩子们用来战斗的唯一手段。例如，如果父母强调整洁，却未能成功地与孩子建立合作氛围，那么孩子就会选择在这方面进行挑战。任何孩子都可能会反抗父母。如果父母特别在意孩子的吃饭问题，孩子就会在这方面进行反抗；如果他们坚持有规律的如厕训练，那么你总是会发现孩子在这方面很抵触。这就是积习难改的原因之一。手淫也是一样，婴儿顽固地玩自己的生殖器，也总是意味着亲子之间的战斗。

另一个也许更有说服力的原因，也与上面提到的情况一致。当孩子被迫远离令其愉悦的环境时，他会尽一切努力恢复之前那种以他为中心的局面。孩子从经验中得知，某些坏习惯在吸引父母注意力方面特别有效。一旦孩子意识到这点，就很难改掉坏习惯，他已经用经验证实这个坏习惯确实能为他带来益处。他有吸引家庭注意力的愿望，只要能成为大家关注的中心，哪怕接受惩罚他也愿意。

我们敢断定这孩子吮拇指是她反抗父母的结果，这次叛逆可能是因为孩子在某些愉悦感受被剥夺之后，不惜一切代价想要恢复这种愉悦行为。当然，要证实这个假设，我们必须等待，但就我而言，在实践中得出这样的结论就足够了。我还记得其他关于吸吮的理论：弗洛伊德认为它是一种性行为，吮拇指和手淫是儿童最容易实施的办法。纽约的一位医生莱维博士对此展开了调查，但他并没有发现此行为与性亢奋有任何关联。他仍坚信孩子们吸母乳是一个问题，因为母乳极具流动性，他们不必吮吸。孩子的吸吮器官用不上了，但现在他们想要使用这一器官，这就是孩子吮拇指的原因。但让我们百思不得其解的是，为什么这些孩子不用其他方法来使用他们的吸吮器官，例如吮吸嘴唇而不是吮拇指，我们还得等待更精确的研究结果来扩大我们的研究范围。

经验表明，其他的解释也是有可能存在的，但我们坚持个体心理学的理论：这孩子是反叛的，想要成为关注的中心。如果能够证实这个判断，它将一举证明个体心理学掌握了个体的大致心理结构；反之，我们将不得不纠正我们的观点。

"不管采取什么措施去阻止，她照样吮拇指。"

如果她无论如何都要吮拇指，专家就能猜测到她是个叛逆的孩子。有人也许还会存疑，认为她可能是出于其他原因而为之，她的叛逆纯粹是为了维持这种愉悦感。我们不能仅仅依靠这一习惯来证实我们的假设是正确的，她的整个生活风格都表明她是个叛逆的孩子，她的每个行为举止都明显地表现出敌对态度。

"在大多数情况下，尤其是当她特别固执时，她就把拇指放进嘴里。"

我们刚刚了解到，这孩子相当固执。我们可以预测，其他事她也做不好。尤其重要的是,当她反抗时就会把拇指放进嘴里。对于立场公正的观察者来说,这是对我们观点的肯定以及与其他理论的矛盾之处。

"她有时一亢奋就呕吐。"

我们对那些善于拒绝食物的孩子的呕吐行为非常熟悉,但我们也不能排除孩子可能具有消化系统缺陷,这些缺陷使她很容易呕吐。因此我们要观察她整个精神状态是如何促使她激起这种抗争的。这孩子拥有攻击的武器,呕吐是其中之一。如果她在孤立无援只能靠自己的情况下,饥饿和爱会让她即使面对不喜欢的东西时也不会呕吐。此时的社会关系显而易见:当孩子不扮演主要角色时,她就变得亢奋并开始呕吐,仿佛想要指责别人,向他们报仇。这种态度代表着一种社会关系,说明孩子就是叛逆的,她正在争取大家的认可。

"……她拒绝进食。"

因为孩子很容易呕吐,父母对此不能漠不关心。

"……当她在洗澡而父母的要求让她不愉快时,她就开始极度紧张激动:尖叫和挣扎,还拒绝接受任何能让她平静下来的方法。"

你可以尽可能地开展想象,这孩子是个多么顽强的斗士。之前有人怀疑也许她只是受"本能"的饥饿或爱所驱使而尖叫和挣扎,现在看来这种肤浅的解释让人难以接受。

"比如说,我想给她讲个故事让她安静下来。"

这是一个让孩子提起兴趣的方法。我们知道该如何将这些方法进行分类,它源于母亲的第二项功能:让孩子参与和合作。当我强调"参与和合作"时,任何耳聪目明的人都应该能看出来,我们想让孩子融入社会,因为此时孩子融入社会的功能已受阻。

"我没有直接教训孩子……"

这是我们经常使用的方法。我们不露痕迹地进行,因为这个带有敌对态度的孩子,她的反抗不是客观的而是主观的,如果直接教训她,她会采取防御手段。

"……但我给她六岁半的姐姐讲了个故事。"

现在我们知道她有个六岁半的姐姐,父母对姐姐没有什么不满。我们猜测姐姐一直都很乖,可能父母更喜欢姐姐一些,她超越了妹妹,因此妹妹心存不满地想动摇姐姐在父母心中的地位。从姐姐作为切入点来解决这孩子的问题是个好选择,因为妹妹在各个方面都试图超越姐姐。

"这个捣蛋的孩子专心地听着。"

孩子好像聪明地理解了故事的内容,但是我们猜测其实她只是想要得到姐姐所拥有的待遇,她也想听故事。我们经常遇到这种横行霸道的孩子。

"她逐渐安静下来,最后她对这个故事非常感兴趣。"

这项治疗到此还不算完,社会圈子里那些不成文但显而易见的规则伤害了她,我们还是应该让女孩融入社会圈子。我们必须加强她的社会情感,这可以通过多种不同的方式来完成。我们不可忽视这一目标:让孩子理解我们能理解的东西,把她从自卑感中解放出来。这些孩子有时以最奇特的方式来表达他们的感情:"我很伤心,因为我永远不能像我姐姐的年龄一样大。"他们不愿意使用合作和参与这种常见的方法,却倾向于以个人的方式来吸引注意力,而真正重要的关键点是个人与社会的联系。

在这种情况下,误导是由于我们没有掌握正确的方法,是教育失误造成的。我的感觉是,他们认为食物很重要,因为家长过分强调了食物的问题。因此,我建议家长不要让孩子看到哪些问题很重要,否则当孩子反叛时,他们就会对这些方面进行攻击。

"另一个病例:这是个被宠坏了的三岁独生子。在他两岁的时候,父母千辛万苦地挣钱,却仍然无法为孩子提供基本的生活必需品。"

在这种情况下,社会条件成为格外棘手的问题。孩子也许没有对社会条件有什么特别的感觉,因为他对其他东西一无所知,但孩子肯定感觉到生活是艰难的。另一个可能性是,父母在孩子面前抱怨他们一贫如洗,使他感受到了未来的黑暗。

"然而,家里的境况在最近几个月有了很大改善……"

新境遇!

"……因此父母试图尽快弥补一切。"

他们给孩子买了各种各样的玩具,这些玩具堆积如山;父母千方百计地溺爱他,这显然不是处理问题的正确方式。

"孩子的父母买的玩具太多了,他都玩不过来。他对这些玩具毫无兴趣,对所有这一切漠不关心,无论如何也无法因为这些东西而感到快乐。"

可能有人会认为孩子因为过多的玩具和糖果而失去了对它们的兴趣,是因为他已经满足了。其实这孩子是在乎这一切的,但这类孩子有时更喜欢制作自己的玩具,即便它们不那么精致漂亮——和买来的漂亮玩具相比,他们通常更喜欢这些自制的。因此，这种教育会导致孩子与社会脱节：他们生活在自己的世界里，任何东西都是放在银盘里端上来给他们的，凡事不劳而获，这样的世界与现实是冲突的。现在由于缺乏兴趣，孩子便自觉地回避任何外界干扰，并且满足于在父母给他划定的范围内活动。他不会主动开展任何活动，因为没人教他如何独立行动。

"母亲觉得他是个敏感的孩子，我个人认为他对任何事情都无动于衷。"

我们也会接受后者的解释。

"他更喜欢独自玩耍。当他和其他孩子玩耍时，他要么恼怒万分，要么卑躬屈膝。"

他不习惯这种新情况，新的生活状况对他来说似乎很困难，因此他十分恼火。也许他很卑微，因为他不敢相信自己能够采用主动的方式。

"当他输掉一场比赛时，他立刻跑向母亲。"

他没有抵抗力，事实上，这是教育失误的结果。经过屡战屡败，孩子已经与社会脱节了，他憎恨这种艰难的处境。孩子在不需要采取行动便能获得一切的蜜罐中长大，正是这种漏洞百出的教育阻碍了孩子融入社会的道路。针对这孩子的治疗方法是要唤醒其对他人的兴趣，即对生活的需求；也就是说，使他从自卑感中解放出来，并激发他拥有一种朝气蓬勃的乐观主义精神，让他明白自己有能力处理所有问题。

长子为与生俱来的权力而抗争

"这是一个五岁的男孩，在几个孩子中年龄最大。"

我们已非常熟悉长子的态度,他害怕失去备受关注的中心地位。他对权力关系了如指掌,因此他认为人生中最珍贵的东西就是权力,并且尽一切努力去获得它。你很难找到一个能像长子那样关心生活规则的人(然而,老二却是这种规则的敌人,他跟所有单方权力作对,因为他幻想着重新排位。他不相信"与生俱来"的魔力,他总想证明根本没有什么固定的规则可言)。因此,我们可以假设,这个男孩将拥有高度发展的权力意识,并且忧心忡忡,害怕失去这种权力,想要继续拥有或者重新拿下它。这是那些仍然心存希望的孩子的特点。然而,如果孩子失去了希望,他将仍是这种类型的人,但会表达出永远无法获得权力的遗憾和绝望。这孩子属于这一类型,但缺乏勇气。我们应当思考这个问题男孩属于两方面中的哪一种,无论是怀有希望还是绝望,他都有重新获得崇高地位的强烈愿望。

据悉,这男孩总想扮演成年人的角色,想充当妹妹的榜样,这种态度与我们的理论不谋而合。

"孩子在各个方面都属于精神正常儿童的范畴,他对一切都很感兴趣,意志力很强。"

我们必须记住,孩子正在紧张的状态下努力,不断地发号施令,保持他至高无上的地位。这也许是意志力强大的标志,但我们怎么能赞扬一个仅五岁的男孩持有这种态度呢?

"无论何时何地,他都粗暴地对待妨碍他的孩子和家具,甚至破坏珍贵的物品。"

这暗示着孩子打算保持高高在上的心理,证明他的社会情感受到了伤害。他不是因为"饥饿"和"缺爱"而去争取权力,抑制的兴奋或经历没有给他带来痛苦,他的社会情感一直被辖制着。这种夸张的权力争夺其实很好理解,其原因是他不完全相信自己,特别是在妹妹出生之后。我们已经知道,在兄妹的竞争中,妹妹更受青睐,因为女孩比男孩发育得快。因此,年龄大的男孩要跟妹妹争权的话,他必须保持警惕,守护自己的地位。可能还有其他因素在这个案例中发挥了作用,因为上述事实不会是决定性的,只要这男孩没有失去战胜妹妹的希望的话。当孩子失去希望时,他会耍花招。哥哥也曾经在某一时段是独子,后来他不再是独子,他还没有在社会意义层面准备好面对这种情况。

"父亲告诉我,在某个时期他们曾严格管教这孩子。"

我们不知道他是由谁抚养的,也许是父亲抚养的,这意味着他憎恨父亲,导致他向父亲发起攻击。

"父亲坚持认为,由于健康的心理和良好的身体发育,孩子的精力过剩……"

这是被激发的权力欲望,但父亲不认可这一点。

"……这就是他精力如此旺盛的原因。到目前为止,这孩子还未患过任何小儿疾病。"

看来父亲认为小儿疾病对人格的发展是有益的。

"在我看来,这孩子不是感到'自卑',而是有抱负的。"

恰恰相反,如果这孩子有自信,他就不会采取这种行动。他不是"低人一等"的,而是表现出"自卑感"。

"父亲在他心目中成了高大的榜样,他是个有天赋的人,魅力无穷。"

看来父亲似乎已定下基调,这更激怒了男孩。

"在孩子的脑海里,他希望长大后能有跟父亲一样的个性。"

这对我来说并不是什么特别大的打击,但对孩子来说却不一定。

"父亲是工程师,在设计和绘画方面都有出色的表现。"

许多家长认为,把自己树立成孩子的榜样,可以鼓励孩子发展独立的判断力和行动力。

在这种情况下,孩子的社会意识发展到什么程度再次成为核心问题,所有其他考虑都退居其次。这与自然科学无关——与"饥饿"和"爱"无关。只有孩子追求认可的努力程度才能表明他的社会意识。

在这一点上,我想补充一些针对老师的观察给出的评论:

"一个五岁孩子就为一点点挑衅而变得激动万分,谁该对此负责呢?谁该负责四岁女孩的胃肠紊乱?在大多数情况下,我观察到,虐待孩子的不是父母的残暴行为,而是他们的无限溺爱、自相矛盾和不合逻辑的态度,只有那些有必备常识、一颗温暖的心、对社会有深刻理解的人才有资格抚养孩子。"

我觉得我有义务尽量减少父母的罪责,因为如果我们能成功地纠正这些孩子的行为,培养孩子具有更多的社会意识,父母就不会再受到责备。因此,我们要培养孩子的社会意识,减轻父母的负担。这是个体心理学实践的起点,尽管仍旧困难重重。我们告诉自己:没有任何官方机构能够分担父母的责任。此外,我们也意识到自己并不能独自完成这项任务,我们只想开个好头,树立榜样。同时,我们也得到了大众的鼓励,并将持续下去。

第四章　被娇惯的老幺

"这女孩十一岁，父亲是一位退休的铁路工人，母亲是家庭主妇。据称母亲生了十四个孩子，只有七个活了下来，彼得罗尼娜是最小的孩子。"

我们对老幺的性格结构十分清楚，相信大家都很熟悉《圣经》中约瑟的故事，他希望太阳、月亮和星星都向他鞠躬行礼，约瑟还跟大家分享他的梦境，他的兄弟们都清楚这些梦境的含义。于是，兄弟们先把他推进坑里，然后把他卖了。这个故事很有启发性，多年之后，约瑟成了全家的顶梁柱，全国人民的坚强后盾，他拯救了全人类。

最小的孩子！你经常会发现某种程度上最小的孩子会出人头地，不管是誉满天下还是臭名昭著，他们常常是举足轻重的人。我们对这十四个孩子的性别一无所知，但可以肯定的是，最小的孩子常常是特别娇生惯养的，因为父母对晚年得子相当兴奋（除非他们不想要）。老幺成长在不同于其他孩子的氛围中，他是唯一没有弟弟妹妹的孩子，因此享有相对优越的地位。至于其他人,他们都经历了自己的悲剧,看到自己的位置被另一个更小的孩子取代;而老么不用经历这些,这便影响了他的态度,他不会受到弟弟妹妹的威胁。

我们从学校的问卷中得到以下信息:

"她认真地学习了一段时间,之后她的热情消耗殆尽。"

当我们注意到孩子上学状态不稳定时,就有理由断定孩子是被宠坏了。这种孩子只有在某些情况下才会好好学习:心情愉悦时、一切顺利时。一旦安闲舒适的气氛消失,孩子的效率就会下降。单凭成绩单,我们就可以诊断这样的学生是否是被宠坏的孩子。在诊断这种娇生惯养的孩子时,我们与执业医师的立场是一样的。

"孩子更喜欢书法、绘画和手工。"

这孩子的手很灵巧,可能是某种手工训练使她具备这一技能,也许孩子从婴幼儿时期便有动手制作的倾向。我们也可猜测出,她是左撇子,为了克服这个困难,大人们特别训练她如何使用右手。但是,我们必须慎重考虑第二个假设,因为这一假设很容易确认或被推翻。

"母亲为孩子的不良行为辩护。"

就算老师的批评是正确的,这位母亲也要保护她的孩子,因此,我们确认这孩子是被惯坏了。

"她的兴趣很容易被激发。"

这告诉我们,孩子对任何事物都感兴趣:她观察和聆听周围的一切,在生活中对健康向上的东西感兴趣。她是一个尚未失去勇气的孩子,不会知难而退,也不内向,而是积极与外界联系。我们发现她只在特殊时候才会表现出不正常的举动,但这正好可以培养她的社会情感。

"她想通过制造混乱来分散别人的注意力。"

我们可猜到这样一个被宠坏的孩子肯定总是希望在教室里制造混乱的。其实这不足为奇,这种有一定活动能力的骄纵孩子渴望成为大家关注的中心,特别是在毫无社会益处的方面。而且,仗着母亲对她无条件的支持,她会继续任性下去。

"非凡的记忆力。"

因此,对这孩子是否有能力激起兴趣的质疑不言自明。如果测验表明她的智力高于平均水平,我一点都不会意外。

"独立、准确地观察日常事件。"

事实再次证明,她拥有一定的活跃程度,她对什么事情都兴致勃勃,并能理性地看问题。

"点子多,批判型人才。"

这并不表示她的批判意识是错误的,她偶尔也会是对的,我们仍认为她想要提升自己,超越他人。

"勇于接受所有新的挑战。"

我们可以推断出,她会在新项目的开始阶段取得一定的进步。我们可再次看到她的活动能力,孩子的生活风格逐渐露出水面。这个活跃的孩子对周围的世界兴趣盎然,并努力提升自己超越别人,这一画面清晰地呈现在我们眼前。那么在学校她将如何超越老师?

"她的行为有时变化无常。"

之前我已经反复强调过。

"如果对她的优秀表示认可,她就会受到巨大的鼓舞。"

她渴望得到认可,她想扮演一个重要的角色。

"她是无比快乐的。"

这再一次展示了她的勇气和决心,以及她的家庭氛围是令人愉快的,我们知道母亲一直都在护着她。

"坚持她自己的决定。"

像所有感到自身有力量的人一样。

"她在课堂上制造混乱,分散其他孩子的注意力。"

当听到这孩子在课堂上分散别人的注意力时,我们就知道她想成为大家关注的中心,若要实现这个目标,就会在课堂上扰乱视听。

"有领导倾向。"

最小的孩子——小约瑟。

"但没有很好的领导能力。"

她为什么没有领导能力?其他孩子竭力反对她,不想听从她的领导和指挥。她还没有学会如何领导他人,但她迟早会获得领导能力的。

"能很好地表现自己,说话滔滔不绝。"

交谈是吸引注意力的另一种方式。你会经常在问题儿童、神经症和精神症患者身上发现这种滔滔不绝的交谈,这些人口若悬河。

以上论述是孩子在小学时的行为,以下是她在中学时的行为:

"一开始她并不太引人注目。在第一次徒步旅行(和老师一起旅行)时,有同学抱怨她的滑稽搞笑和调皮捣蛋。"

她想被人认可,她想创造自己的地盘。但为什么她不立刻让自己引人注目呢?这似乎表明她是训练有素的:她必须先做

第四章 被娇惯的老幺

好计划再实施。

"在前两三个星期,她上课时总是大喊大叫,不停地离开座位,推挤别人,想打扰他们。"

她的行为显然是在用自己的方式超越他人。她的目的很明显:显示她的权力,她想统治其他孩子。

"她在课堂上拒绝合作。被训斥时,她十分生气,抓住墨水瓶把墨水泼在自己手上,她简直是在用墨水洗手,还弄脏了桌子。"

这孩子的行为超出了合理的界限,表现得像一个愤怒的征服者,她不惜一切代价证明自己是最强大的。既然我们面对的是个聪明的孩子,那么就可以得出结论:她在学校感到浑身不自在,觉得别人应该为她多做点什么。她的态度表明,她已失去了在学校扮演重要角色的希望。

"学校把她母亲叫来,母亲非常生气,抓住她的头发,不自觉地打了她耳光,还拧了她的胳膊。"

母亲失控了。我们应该注意,这并不是惩罚孩子最终反抗的好办法。这孩子根本不在乎她是否激怒了母亲和老师。我最近读了一段罗泽格的传记,作者提到在孩提时,当他惹恼父亲导致被父亲殴打时,他觉得内心充满愉悦。后来他才明白父亲是爱他的,所以他改变了态度。孩子希望确保自己是被爱的、受人尊敬的,当不再拥有这些时,就要激怒他人,想方设法达到目的,直到取得满意的效果,这是孩子新的力量源泉。

"校长艰难地使母亲平静下来,并让孩子回教室。孩子没有哭,也没有大喊大叫——她完全可以自控。"

她这是在向母亲示威:"你对我来说太软弱了,我比你坚强！"

"母亲一离开，孩子就被送回校长那里，因为她没法继续上课。"

她这是在表明，你们是在做无用功，也就是"没人能影响她"。某种程度上，这孩子值得我们钦佩：她的意志很坚定。如果人能把这股劲使在刀刃上，就会事半功倍。

"校长亲切地跟她谈话，孩子答应乖乖听话，可是她在许诺之时，其实根本没打算信守承诺。"

孩子意识到校长对她怀有同情心，她想以表示听话的行为来取悦校长；但在课堂上，她的生活风格便开始发挥作用。一些专家认为我们对这种情况的分析自相矛盾：孩子既顺从，又叛逆。可人类的灵魂本就不应该表现得过于机械，很明显，机械化的生活风格是根据模式做出反应的，但它也会随机应变。孩子在校长办公室里给人的印象是："我已经征服这个人了：她属于我。"但她在课堂上判若两人。

"校长给她布置任务：更新日历。"

这是在学校里让孩子安静的一种方法，它还具有更深远的意义：通过让孩子承担某种责任来安抚他们对优越感的追求。但这孩子想要的不仅仅是这样一种责任，她想要的比其他孩子都多，我们不相信她会从此心平气和。

"老师走进了教室，孩子说老师的卷发很漂亮，想知道在哪里可以买到。"

这是公开的挑衅。很明显，孩子正和老师进行一场彻底的战斗，只有公开挑衅的敌人才有这样的言行举止。

"这个班的孩子年龄在十到十一岁左右，孩子们太小了，根本不能对她的行为视若无睹,所以她的捣乱继续在班上奏效。起初,她似乎只是想激怒个别老师,但很快其他老师就受到了攻击。"

也许这个老师或其他老师不能让她实现愿望,也就是立即让她当班长。另一方面,除非马上保证她得到想要的东西,否则我们对这孩子束手无策,她会把我们像其他人一样,一起卷入这浑水。采用责备的方法是不对的,我们要做的是开始与她谈话,在谈话中提及她的优秀品质,处理这件事的方法取决于咨询师的个性。

"在两门自然科学课上,校长必须在教室里监督,以便教学不受干扰地正常进行。"

她还没有强大到敢挑战校长,而且校长在的时候她会表现好一些。这可能是尊重,但也可能是出于感激,因为校长在母亲面前保护了她。

"老师给这孩子分配了一些任务:把课堂上用过的一些东西擦干净,取水。然而,历史很快又重演,她又开始捣乱了。"

这促使我们进行反思。如我们所见,校长安排的事情她都心甘情愿地去完成,但如果老师给她指定任务,她就刻意违抗。我们也可从这里学到一些东西:该如何对待这孩子。就我而言,我认为现代教育倾向于向人们推荐让人愉悦的学校环境,人们可以观察到,孩子在这种环境下的行为举止更令人满意。另一方面,个体心理学则尽力使孩子即使在不利的环境下也能习惯保持平衡感。回顾机械化生活风格形成的条件,母亲必须给孩子提供一个令人愉快的环境,以取得孩子的信任。然后,她应该成为孩子在社会生活中的伙伴。我们没有办法绕过母亲的职责，我们必须由此开始，获得孩子的认可，之后必须使孩子融入社会。如果得不到孩子的认可，我们注定会在第二项任务中以失败告终。

"在体育课练习中，这个学生变得不守规矩，脱离队伍。她被关在更衣室里，然后她把一沓纸撒在地上，跟着又乱扔其他学生的衣服，让她把东西整理好简直难于上青天。"

总是相同的战争。

"即使是校长，也需要和她谈很久，她才决定把纸捡起来。"

再次说服她做出改变和低头的是校长。

"还有一次在更衣室里，她偷偷调换了同学们的鞋子和长筒袜。一个孩子找不到自己的长筒袜，当然就怀疑是她偷了袜子。校长和老师都不曾想过她会偷袜子，因为她的穿着整洁得体大方。她当然不缺任何东西，吃穿都不愁。第二天，校长、母亲和那个丢了袜子的孩子的母亲坚持要她说出长筒袜藏在哪里，可她闭口不言。最后找了很久，门卫终于在地面通风管道的入口处找到了丢失的袜子，但这孩子仍然不承认是她把袜子藏起来了。"

我觉得有必要指出孩子没有说谎的倾向，说谎的孩子很少能像她这么活跃，说谎是懦弱的标志。我们必须谨慎对待这种情况，因为也有可能是另一个孩子把长筒袜藏起来了。可以想象，哪怕只是被怀疑一次，这孩子就会感到有多优越。我见过一些惯偷，他们不会在特定有问题的场合偷窃，他们被指控时的态度是荒诞可笑的。即使调查会让他们具有嫌疑，他们也不干涉调查，甚至对所遭受的不公正待遇感到高兴。

"既然体育老师拒绝为孩子和其他学生的安全负责,校长只能在上体育课时到现场把控。她说,这孩子在体育课上的表现和整体行为举止都毫无纰漏。孩子在下一节课受到了表扬,但她已经开始通过扮鬼脸来吸引注意力,还抱怨说脚受伤了。"

与之前的战斗相比,这已经算是比较客气的了。

"老师说,如果孩子故意不好好练,她的得分会很低。据母亲反馈,女孩在家哭了。母亲安慰她:别怕,别让这事困扰你。"

这几乎就是一个错失良机的例子,要找到一个好机会来引导孩子改正错误是很难的。很可能女孩的脚的确受伤了,她已经走上了改善之路。然后,她的抱怨却得到老师以低分作为威胁的回应。

"她在书法课上很合作,尽管她曾经在上这门课时,因为太捣乱而被送到校长办公室。"

她似乎对书法很感兴趣,我们猜测她的动手能力很强,可能是在书法课上,她为了引人注目而参与合作。如果无法达到目标,她会继续在课堂上捣乱。

"地理、历史、语言、音乐老师都表扬这孩子很优秀,在最初的几周,老师们说她可以去A班上课。"

至此,我们才知道女孩不在A班,这是世界范围内教育改革中最具争议的问题之一。大多数国家都根据学生学习情况设立两个班:为成绩良好的学生开设A班,为给人感觉发展得较慢的儿童设立B班。B班的教学针对落后的孩子,给他们提供相对轻松的环境。但我们不能忽视这种项目的缺点,在我印象中,进入B班的孩子总觉得自己低于平均水平,人们经常听到诸如"笨蛋班"之类的侮辱性叫法。当然,有些孩子会从B班的优点中获益,但是其缺点会严重影响到另一些孩子。值得注意的是,我通过一些调查发现B班的孩子大多来自贫困家庭,这意味着这些孩子对上学的准备不像其他孩子那么充分。这一问题还没有完全解决,这种项目的缺点并未消除。那么,孩子对B班的感觉如何?

老师告诉她,她会跟上A班。在真正了解了女孩的生活风格之后,我们可以猜测她是因为B班而觉得受到轻视,在这个案例中,B班的缺点引起了我们的思考。

"手工艺。"

这也是其生活风格主导行为的一个领域。

"手工课老师说,她在课堂上骂一个带制作材料的学生'猪、傻瓜、笨蛋',还有其他不宜在此表述的咒骂。美术老师说她批评了一幅画……"

当然,这对于我们来说是某种暗示,肯定发生了什么事!

"孩子愤怒地在画布上乱涂乱画,最终毁了它。老师想跟她讲道理,结果她说:'我父亲会过来,给你肚子上来一拳!到时候你就不会再来找我麻烦了。'"

"教义问答课。这孩子虽然是天主教徒,但不接受宗教教诲。然而,她坐在了教室里,牧师点了她好几次名。有一次,她是唯一能准确回答问题的学生,她兴高采烈地把这件事告诉了母亲。然后在下一堂教义问答课上,牧师把她送到了校长办公室,因为她的行为特别恶劣。"

我们不知道这两节课之间究竟发生了什么,然而,我们还是有机会争取让她改进的。

"校长是这么评价的,当孩子来到校长办公室时,她表现得特别温和可爱。校长叫她做算术或写字。起初一切顺利,但到最后她就乱写乱画起来。校长问她为什么不上算术课,她说:'我做不到。'"

明显情况不妙。当她自己不怎么了解情况时,她会有一种强烈的自卑感,使得她必须以某种方式进行补偿。

"除了上面提到的分配给她的任务(更新日历)以外,她还得到了其他任务:封好信封,在教室之间传递信息。这种时候她似乎是世界上最可爱的女孩。尽管她答应要好好表现,但几分钟后他们还是不得不把她撵出教室。"

这孩子找到了她喜欢的地方:校长办公室。如果她被送到别的地方,她会竭力回到校长办公室。她就是在往这个方向努力,因为在校长的办公室里,她才觉得心情愉快。也许老师比校长更关心她的成长,但唯一重要的是孩子如何理解它。

"孩子说:'我妈妈不喜欢大些的孩子,她只喜欢我。'"

这种想法完全源自母亲对她的宠溺。

"很多时候她给我带来东西,但不是糖果,而是香肠、火腿或猪肉。"

"我想当老师。"

对此我们并不感到惊讶,因为在这孩子的印象中老师是有权力的人。

"如果我必须管教一个淘气的孩子,我就揍他一顿。"

"我应该去上舞蹈学校,我姐姐说舞蹈学校可以消耗我的精力。但是我妈妈不让我去,她说她可以自己教孩子,她不需要外人来代劳。"

"我不属于X街，我应该在Y街学校的名单上（这不是真的），我想去Y街。"

X街学校已经没什么可提供给她了，她已经在那里大显过身手，现在她觉得可以在Y街学校引人注目了。她说谎就是为了自吹自擂、虚张声势，给别人留下深刻印象。

"孩子被送回校长办公室，校长问她：'你又做了什么？'她没有立即回答。在反复提问和劝告之后，她决定开口说话，且说真话。有一次她对校长撒谎了，据体育老师报告，孩子坚持说老师扯了她的耳朵，要用绷带包扎耳朵，校长对她的话将信将疑。校长向孩子解释说她的父母会相信她，还会要求老师做出解释（孩子已经威胁说她父亲会来学校），然后老师会上法庭，而她的父母则会因诽谤而被罚款。这时孩子才承认是她和姐姐吵架了，还打到了她的耳朵，所以必须用绷带包扎。"

这个谎言被用来当作战斗的武器，她想折磨老师到精疲力竭。我们现在面对的不是因恐惧而撒的谎，这是诽谤，不是谎言。

"她还撒了一次谎。母亲要求把女儿安排在后排坐，这样她就不会打扰其他学生了，学校就这样安排了。第二天，孩子戴着眼镜来到学校，抱怨说她在后排看不见，要移到前排去。医生刚巧也在，就为孩子做了检查。他在得知孩子的情况后安慰她，说她只是有点紧张而已，不戴眼镜也没关系。校长进一步问她，孩子终于承认眼镜是她母亲的，母亲对此的说法却完全不同。"

"父母似乎明白了这孩子的调皮捣蛋,他们承认自己不知该如何对付她。父亲说母亲总是护着孩子,母亲说年长的孩子总是排斥这女孩,于是她自然而然地成了女儿唯一的支撑。"

约瑟的问题又来了,我们在此发现的问题与他一模一样。

最后再加几条总结完成报告:

"班主任的报告:在某些课上,孩子表现得十分完美,然后她又去跟老师捣乱。大多数时候她把笔记本搞得乱七八糟,但她交上来的作业和练习还是令人满意的,喜欢老师在课上点名让她回答问题。

"在音乐课上,她跟不上别人的节奏,她故意唱得比其他人慢,如果能使我们不胜其烦,她就十分高兴。

"她缺乏感情(甚至把自己的快乐建立在同学的痛苦之上),还总是想充当领导角色,这一点特别让人厌烦。"

这是再清楚不过的。

"她狂妄、自负、欺骗、恶毒和撒谎,总的来说目前还算安静,她的敌意有所减弱。"

最近情况似乎有些好转。

"手工课老师说她像骑马一样坐在椅子上,在教室里摇来摇去。当老师警告说要告诉她父母时,她说:'他们才不管呢。即使市长来了,我也不怕!'"

"下一节课她又开始模仿鸟儿叫,提醒老师注意她的天赋。"

"她会做算术作业,却不愿接受老师的不断指点。"

她希望有人为她随时待命,这是娇生惯养的孩子的特点。

"她一开始上课就大吵大闹,老师根本没法继续上课。

她在教室里跑来跑去,打其他孩子,讥笑他们。有一次,她喊道:'我会在你的肋骨上插一把刀!'后来她还是冥顽不灵,不停地说:'我做不到。'"

这也意味着:所以我要跟别人捣乱。如果我不能当领导,我就再也不当了。

智力测验结果:高于平均水平;在她的年龄段来说是优秀的。理解能力强,解释能力略微不足。事实信息题测试结果:有点儿迟钝,但实操能力强。她似乎对家务活动感兴趣,记忆力略低于平均水平。

阿德勒博士:对于这样的孩子来说,除了来我们咨询中心,带孩子到一些康乐中心作为治疗的补充手段,也是不可或缺的,我认为这一点很重要并希望你们去完成。这样的康乐中心必须由训练有素的教师和心理学家来管理,目标是在家长和教师的帮助下改变孩子错误的生活风格。短短十分钟就让孩子改变是不可能的,不要让母亲完全监管孩子,而应让别人也介入,让孩子相信她也可以变成有用的人,这对孩子尤其有益。

阿德勒博士(对母亲):我们愿意帮助你和老师,我们是喜欢这孩子的。她知道自己想要什么,但也许她不喜欢上学?

母亲:她想去Y街的学校。

阿德勒博士:为什么她喜欢那个学校?

母亲:因为她觉得自己是最差的学生,所以人家才不录取她。

阿德勒博士:她在家里表现如何?

母亲:她在家里是最小的,大的孩子都嘲弄她,我有十四个孩子……

阿德勒博士：恭喜你。

母亲：多养一个孩子也不算什么，年长的孩子们很嫉妒她，也不喜欢她。

阿德勒博士：她有什么朋友吗？

母亲：哦，当然有。

阿德勒博士：我们对这孩子还是很有信心的，我们觉得她是个能力很强的孩子。她总是想当领导，对吗？

母亲：她总是抱怨老师在课堂上不叫她回答问题，她在家很听话，帮我做很多事情。

阿德勒博士：对她的管教如何？严格吗？

母亲：我都对他们严格要求。

阿德勒博士：我相信如果我们跟孩子讲道理，孩子还是会听的。

母亲：不惩罚他们根本行不通。

阿德勒博士：我在想，我们可以从能理解孩子的人当中挑一个来跟她谈谈，给她出点儿好主意。总之，如果她有个伙伴，对她来说是有益的。如果你愿意，我可以叫我的学生过来。

母亲：她已经参加过儿童游戏组了。

阿德勒博士：我想如果她能接受校外的年轻女士的教育可能会更好，她会学到些有用的东西。

母亲：我相信我对其他孩子的管教都很好，我也一样可以管好这一个。

阿德勒博士：这个小不点儿似乎总想成为老大，你记得约瑟的故事吗？孩子现在在学校闯了这么多祸，惩罚她一点儿效果都没有,你应该总是对她很友好。如果你同意,我们就叫那个年轻女士过来。

母亲:她在学校的所作所为只是开玩笑而已,你们这里还有高年级学生,他们也是棘手的问题。

阿德勒博士(母亲离开后):你们可以看到她反对任何其他人的干预,我们只好暂时打住。

阿德勒博士(对孩子):你都长这么大了啊!我还以为你要小得多。你总是想在人家面前显得自己比实际年龄大,你想踮着脚尖,这样所有人都会注意到你,是吗?家里最小的孩子经常有这种感觉:想要引人注意。你是个好学生,是个能干的女孩,他们跟我说你是个聪明的孩子。你懂得多,难道你不认为自己是班上最棒的学生吗?如果你成功了,你也会得到真正想要的,然后每个人都会尊重你,喜欢你。你不想试试吗?我们都想帮助你,帮你赢得老师的欢心,然后每个人都会尊重你。你觉得你能做到吗?

孩子在对话的过程中始终保持沉默。

阿德勒博士:你可以成为最棒的学生之一,你觉得呢?那样不好吗?你就可以不用战斗了,那就更好了。你记住要永远提醒自己:"我不必总是事事领先,让每个人都注意到我。老老实实上课,最后大家都会尊重我、喜欢我,而且这些也不需要马上就实现。"你们班有几个学生?

孩子:三十二个。

阿德勒博士:老师对你做的事情,无法对其他同学都做。你想帮一下她吗?我得告诉你,这并不容易哦,但我觉得你可以做到。一个月之后回来,那时候我就会知道你是否做到了,或者你是否还是全班同学的焦点。

孩子没有回答。

阿德勒博士（让孩子离开之后）：她是个敏感的女孩，一不小心就会把她惹哭。当然，我得等上一段时间，看看情况如何。我想提醒你们，我觉得应该让这孩子和别人一起生活，这样一来，孩子就知道她的困境不是私人的问题，因为连陌生人也对她的事情感兴趣，这样她的社会情感可能会被更好地唤醒。我总是跟孩子们说："我总会知道你在干什么。"这不是威胁。我希望可以让孩子们觉得，总会有人在等待，想看到他们努力的结果。在我们所使用的方法里，大家都不能科学地理解这种方法艺术性的一面。只要我说到点子上，孩子就可以理解我。"融入社会"是主要课题，也许会有人反对。比如，如果孩子注意到自己如此受人关注，就有可能变得自负，又或者会让孩子感到害怕。这种担忧可以在跟孩子沟通的过程中进行补救，但反对者的态度似乎成了我们的时代"精神"——提出反对，然后袖手旁观。

第五章 青春期危机

有人投诉一名已失踪十天的十四岁女孩,据称她曾多次发生性关系,有人在她父母家附近发现了她。

背景:有三个孩子的贫困家庭。长子长期体弱多病,如今已工作谋生,把所有的收入都交给母亲,因此母亲最喜欢他。母亲不仅要照顾他,还要照顾一直生病的父亲。父亲只能短暂地工作一段时间。情况很明显,在这种艰苦的环境下,女孩不可能享有特别的关注。后来家里又生了第三个孩子,也是个女孩。此时,父亲和儿子的健康状况正在好转,使得母亲能够分给最小的孩子更多的时间。这种情形对中间的孩子来说尤其不利,母亲根本无暇顾及她,她觉得自己被忽视了。长大后她就成了被忽视的孩子,缺乏母爱的关怀。事实上,这已经建立了某种平衡;但这个女孩的生活给人的印象是,相对于哥哥和妹妹,她处于不利地位。父亲绝对代表着权威,尽管他很严格,孩子们还是自愿服从他。不难预测,这个女孩像一个被讨厌的孩子那样长大了,因为没有像其他人一样在充满爱的环境下长大,她会感到孤立无助。她所经历的每一分钟都像我们所描述的那样,这些经历塑造了她的生活风格。

情况向好的方向发展了:孩子上了一个她非常喜欢的老师的课。她大放异彩,成为班上最好的学生之一,我们预测她之后可以做得更好。十四岁时,她得上高中了,学校的变换使得麻烦又开始了,新老师不理解孩子的个性,对她很严厉。我们应该记得,这孩子唯一的力量来自她在学校获得的赞美。现在的老师对她毫不用心,这足以引起她的自我怀疑。老师在课堂上点名让她回答问题,她却一问三不知,因此她的成绩很差,一步步地陷入了早已突显的困境。我们可以预言,这个不好的开端迟早会愈演愈烈,因为只有当她感受到爱和赞美时,她才会取得进步。

她开始逃学,老师经过调查发现她和男孩子混在一起。学校决定开除她,这对她来说十分不妙。她在学校取得的成绩成了过往云烟,在家里又被完全忽视,她还剩什么呢?个体心理学的艺术在于如何让个体在种种情况下认清自己。我们可以提出这样的问题:如果我是一个想要得到别人赏识的十四岁女孩,但家里人对我不理不睬,我该怎么办?只有一种方式:从异性中寻求认可。她自作聪明地这么做了,尽管这与常识是矛盾的。我们知道这个女孩很聪明,但我们能猜到的是,她不会如愿以偿地从异性那里获得赏识。像这样短暂的交往只是表面上看似成功。对研究性关系有一定经验的人都知道,这种关系的缔结过于草率,很可能会以失败告终。她把自己变成了男人的玩物。然而,一次又一次地在男人那里栽跟头之后,她还能怎么办?只有自杀这一条路了!因为没人认可她。有几封信提到她的自杀行为,如果不是有意外发生幸运地阻止了她,她可能真的自杀成功了。我们不应因其计划落空而判断她是懦弱的,自杀本身才是懦弱的表现,沮丧万分的人会在恼怒爆发中自杀。

别的事情阻止了她:相对有利的家庭情况。父母是公正的人,这一点她心领神会,而且她也知道父母总是会无条件地原谅她的。家的大门对她一直敞开,她可以在家里找到某种认可。因此我们可以告诉她母亲:"在你家周围走走,你会找到女儿的。"因为她必须学习人生的这一课。事实上,有一天母亲真的找到了她,并把她带回了家,然后母亲来到了我们咨询中心。

这个热切渴望得到赏识的女孩应该得到被赏识的机会。我们必须弄清楚孩子在什么地方能接受社会有用性活动的培训——其实学校就是最好的培训机构。个体心理学认为:如果孩子异常缺乏感情,就会产生强烈的自卑感,并随之出现对社会准备不足而导致的后果。她对家庭基本不感兴趣,还缺乏勇气。如果没有强烈的自卑感,她会告诉自己:"老师不理解我。也许我应该加倍努力。"她坚持自己想要获得认可的念头。在她看来,通过性体验,她成功地获得了认可。

刚好我想借此讨论一下青春期心理。人们通常认为青春期是邪恶的,一切罪恶都归咎于性腺,其实这种观点荒谬至极。人自出生以来性腺就处于活跃状态,甚至在出生前就开始活跃了。青春期的特征是由其他因素决定的:更多的自由、更多的可能性、对异性更大的吸引力。孩子们只是强烈地想证实自己不再是孩子。为了证明这一点,他们往往想充分表现自己。这个女孩努力获得认可，并确信她只能在性方面得以实现。青春期不是一种疾病，它只是突显了以前就已存在的病症。一切都没有改变，这个女孩还是以前的她，我们没办法预测女孩是不是真的已经改变了，她只是选择了一条对她行不通的路，没发生其他事。需要提请注意的是，人们并不是因为事实而犯错误，而是他们对事实的误解导致了错误的发生。那些认为人类精神生活是基于因果关系的人是不对的，这女孩制造了前因：压抑的感情突然变成了原因。如果她痊愈了，就再也没有什么原因了。她不满足于将隐含的感情转换成前因，她还认为这个前因必须对自己造成的后果负责。她在别处寻找从老师那里得不到的爱，这种爱并不是绝对不可或缺的，那是她犯的错误。我们不相信天生动机的观点是正确的，我们会考虑人类精神生活的错误。重要的不是事实，而是我们看待它们的方式。个体心理学已经向前迈出了决定性的一步，包括寻找错误的可能性，并通过治疗将它们减少到最低限度。从两个人身上得到的结论可能从根本上就大相径庭，很多人都会曲解和误读这些事实。

我们应当给这女孩机会来证明自己的能力，她其实能做到那些看起来似乎把她排除在外的事情——成为一个好学生。新的困难又来了：她的背景和被学校开除的事情。我不明白为什么学校会开除这孩子，这只意味着老师对解决这个学生的问题无能为力，儿童辅导中心可以在这方面提供帮助。设有这种儿童辅导中心的学校不能开除学生，学生也不必留级。如果出现了学生必须被学校开除的情况，我们应该研究能为他做什么。我不明白这样的孩子为什么会对学校构成威胁，别忘了，对于一个孩子来说,被开除的耻辱是多么沉重的负担。也许咨询有能力的人会使事情更简单,又或者可以把孩子委托给对其有帮助的老师,我们必须尽一切努力让这女孩有机会重温她过去在学校的成功,那么"青春期问题"也将烟消云散。

第六章　独生子女

老师：这孩子读四年级，班里男生和女生都有。孩子在我的班里两年了。在第一年和第二年，他的班里换了老师。他是独生子，父亲和母亲都忙于工作，他和奶奶住在一起，但不听奶奶的话，为所欲为。男孩有听力障碍，对数字有很强的记忆力，有一定的判断力，字写得很差。

去年他很爱说话，不遵守秩序，跟其他同学一起捣乱，不管怎样劝勉和惩罚他都毫无用处。我一和他说话，他就开始哭。刚开始他答应要听话，但很快又开始调皮捣蛋了。

今年也一样，他把墨水池当痰盂，把墨水池的顶部都打碎了。我曾经试着软硬兼施，也假装过不理不睬，不把他的把戏当回事儿。但这些都不管用，他总是以这样或那样的方式引起大家的注意。

孩子们在学校存了些钱去远足，他只带了两先令。课间休息时，其他孩子跑来说他有十六先令。我让他把钱给我，并问他是从哪儿弄来的，他回答说："那是我存在储蓄账户里的。"我怕他粗心大意,为了防止他在回家的路上把钱丢了,我跟他说,他母亲可以到校长办公室去取钱。但是他母亲没来。我很清楚,他没有告诉父母钱的事,因为他的父母都是很好的人,经常问男孩在学校的表现如何。最后我正式要求他母亲来学校,才发现这个男孩偷了二十先令。母亲对此很沮丧,说她记得有几次家里少了钱。我在学校里也常注意到这一点,当他面对自己撒谎的证据时,那满脸茫然的样子让人感觉他是个低能的孩子。

他的母亲忍不住在校长办公室哭了,他也在场,校长温和地责备了他。然后他回到班上,开始耍花招,逗乐所有的学生。他的母亲很害怕,说她的丈夫会杀了孩子。我们劝她暂时不要对丈夫说任何一个字。第二天,孩子的父亲来到了学校,因为母亲把一切都告诉了父亲,但父亲并没有惩罚孩子。

父亲把责任归咎于一个年纪大些的男孩,声称是他带坏了自己的孩子。据说那男孩被D高中录取了,但他不愿上学。

阿德勒博士:我们听说了一些孩子的情况,来来去去都是说他没有条理性。这个男孩的东西总是乱七八糟的,也许总有人在为他整理东西。他在学校学习效率很低,他的生活风格表明他是一个被娇生惯养的孩子,其他事件似乎也指向这一点。他总是希望别人关注他。在学校里,他想让自己引人注目。知道在什么时候他的错误(偷窃)最为突显特别关键,我们必须得出自己的结论。

这两年母亲都不在身边,孩子和奶奶住在一起,似乎过得很不满意。他觉得自己被剥夺了什么,他缺乏许多母亲应给予自己的东西,他希望自己变得充实起来,偷窃是用来补偿其

第六章 独生子女

失落感的手段。我们还必须考虑到这个男孩说的,有个年纪大些的男孩怂恿他。罪犯都会想方设法找借口,为自己的罪行开脱,想找到合理的借口使他犯的错显得不那么严重。由此我们得知,这个男孩很清楚自己偏离社会常规,脱离了社会情感而误入歧途。他偷东西是因为想让自己看起来更高大,他找不到别的办法。他习惯了母亲的陪伴,然后却发现自己陷入了更困难的境地。奶奶对他的态度跟母亲不一样,她比较严格。他跟奶奶对抗,搞得他们之间关系紧张。这样一个习惯于依赖别人的孩子觉得自己陷入了困境,他已经形成了自己固定的生活风格,总是想引起他人注意,但在家里他再也没法成为被关注的中心了。我猜测,就是在这个时候他才开始偷东西。有什么可以阻止他偷窃呢?如果他在学校能够得到大家认可的话,也许有用,但这对于一个被宠坏的孩子来说尤其困难。如果这孩子决定要像以前跟母亲在一起时那样拥有一切,那么他是聪明的,并不迟钝。

现在他开始在老师面前调皮捣蛋。以前大人都是小心呵护他,等父亲心平气和之后,男孩相信接下来一切都会恢复往常的秩序。每当精神匮乏和遇到挫折时,他就重新想要充实自己。我相信他只是两年前才开始偷东西的,但问题的关键要追溯到更遥远的过去。他拿着这偷来的二十先令想做什么?我说他可能买了一些糖果(老师:"他买了香肠。"),他怎么会想出这是另一个男孩怂恿他的借口来呢?他怎么知道年纪大的男孩会带领其他孩子误入歧途呢?这最好问问他的母亲,看她是否是出于保护孩子的目的而提醒孩子:"不要跟那个男孩一起玩,否则你会被带坏的。"亦或许真的有个大男孩引起了他的共鸣。如果他长时间存着那些钱,那他肯定有别的目的,可能想用钱来做点儿什么。我们应该向母亲咨询这件事,还要观察他的其他表现——娇生惯养的孩子的表现。也许他很害怕,不想孤立无助。如果是这样,我们就能理解他为什么要和大男孩在一起。这未必是事实,但我们可以得出自己的结论。而且,他晚上可能会哭。母亲也可以告诉我们,孩子以前是否有偷窃的举动。

我们也应注意到,这孩子对他人漠不关心,而且对待他人的方式不对,他没有结交朋友的能力。当和别人一起玩时,他总想当队长,而且倾向于和年龄略大些的孩子交朋友。在家是独生子的孩子喜欢跟年龄大些的孩子玩耍,因为这些孩子习惯于跟年纪大些的人一起生活。我们必须就如何说服母亲这一问题达成一致。我们也应该注意到,男孩在学校取得进步时,必须激发他的勇气。我们要给他希望,让他相信自己在学校是个重要人物,是大家关注的对象。希望你们能掌握并识别我所说的行动半径,问题儿童的行动半径总是较窄的,我们必须设法扩大它,但只有当他有足够的勇气相信自己也能有所作为时,才有可行性,他才有机会完全改变自己的行动范围。他现在处在紧要关头,除了背地里充实自己,用撒谎来掩盖事实并维护自己的地位和尊严,他一无所有。

老师:他只在写字和拼写方面表现比较差,在学校里还是很受欢迎的,孩子们都喜欢他,并不会孤立他。他在课堂上也并不令人讨厌,从来没有考试不及格。他是个学得很慢的学生,但学得很好。

阿德勒博士:我们正在找出他为什么不满足于待在学校

的原因，原因之一应该是他总想成为焦点。这种孩子靠笨拙搞笑引人注意，或者靠对其他孩子很友好而博得周围人的注意，他总是对"自己人"很好。男孩想狡猾地获得一切，他跟那种"巧取豪夺"的人不一样，他希望通过自己的魅力来征服大家，但他的母亲娇惯他，正是母亲的态度塑造了他的行为方式。

另一位老师：我有个学生也经常偷东西，我发现他从另一个孩子那里偷了半先令。他说其他孩子应有尽有，但他父亲从不给他任何东西。因为他很穷，所以他想和其他孩子一样拥有一切。我拿了些零钱给他，他可以拿去买些东西。我给了他好几次钱，从那时起，我再也没有听说过他偷东西。

阿德勒博士：我们没有治疗小孩的万全之策，我们的治疗对每个孩子的效果都不一样，也不能一直使用同样的方法。除了获得零钱，这种方式更重要的是让孩子产生了一种归属感。对于"我打了他，从此以后他再也不偷了"的情况，我也不会感到惊讶。有些事情太复杂了，不能一概而论，我们首先要做的就是了解孩子。就这孩子而言，他活在自己有权拥有一切的幻想中，还得随时随地且不费力气。这是不对的，我们要给这孩子解释清楚，以便他能改正。

老师：这孩子的家境很好。

阿德勒博士：你有没有在学校发现，那些家境贫困的学生反应慢一些，而家境好的学生则学得快些？

老师的回答是肯定的。

阿德勒博士：你再细想就会发现，其实只要是人，都可能会在某些时候偷些东西：一些水果、糖果、点心等。根据我的经验判断,通常都错不了。

阿德勒博士(对着父母):我想跟你们家孩子聊一下,让他改掉坏习惯是可行的,在很多方面他似乎是个举止古怪的孩子。你们没发现他正在寻求爱吗?他总是找借口跟你们在一起吗?他总是等别人来帮他做事,他吃饭时有问题吗?

(母亲说他曾经在吃饭方面有很大的问题,但自去年开始就正常了。)

阿德勒博士:他身体弱吗?尿床吗?

母亲:他总是弱不禁风的感觉,胃一直都不好。

阿德勒博士:他害怕什么吗?怕自己一个人待着吗?去过幼儿园吗?在那里表现如何?

父亲:这个我们都不知道,他并不胆小怕事,但是他会问傻乎乎的问题,他会说:"妈妈,那是什么?"他明明知道那是什么,他只是想跟妈妈捣乱。

阿德勒博士:他的作业做得怎么样?是独立完成还是需要人辅导?

父亲:如果他旁边有人陪着,他就能做好。他非常不喜欢老式的德语字体,他更喜欢罗马字母。他喜欢跟大孩子们一起玩,他们对他更友好。

阿德勒博士:他会游泳吗?做不做噩梦?迷信吗?喜不喜欢锻炼?

父亲:他非常佩服会游泳的人,但是他有一次被吓到了,从此之后就不想再游了。他对锻炼很感兴趣,去年经常锻炼。他不做噩梦,不胆小怕事。我精神比较紧张,所以他有点儿怕我。

阿德勒博士：对他好点儿，你妻子不在的时候经常跟他聊聊天，这样他会跟你成为朋友。有了爱和友谊，他就更愿意去做事情，而不是出于害怕。

阿德勒博士：他是不是写字和拼写不好？你有没有观察过他是不是左撇子？可能他天生是左撇子。

（父母都不知道这孩子是不是左撇子。好像母亲是左撇子。）

母亲再次抱怨儿子不愿说出那个诱使他偷东西的大男孩的名字，而是随便编了个名字。

阿德勒博士：他是不是去找其他的孩子一起玩？他会自己穿衣、洗漱、梳头发吗？

父亲：他曾经有个玩得很好的朋友，但是那个朋友死了。

母亲：他穿衣服的时候，我会在旁边帮他。

阿德勒博士：你们没必要再帮他了，慢慢地、缓和地帮助他独立。如果你们愿意，我可以帮助他。他喜欢上学吗？他有没有说以后想做什么？他骄傲自满吗？睡觉都是什么姿势？他啃指甲吗？抠鼻子吗？

（父母说他经常撒谎，他以后想当个木匠，他以前常常啃指甲，没有其他的异常现象，他愿意自己去上学。）

阿德勒博士：如果能让他更独立，他就会对上学更感兴趣，可以为他自己找到立足之地，还能让他摆脱之前惹的麻烦。别吓唬他，别再跟他聊他闯过的祸。有一点很有意思，我发现这个男孩胃不舒服，却喜欢买香肠之类的食物。别再责骂他了，试着让他更独立些。

我们对娇生惯养的孩子没有纯粹的形象勾勒，这孩子一直是怀着向往自由的观念长大的,这和娇惯孩子的形象不太一致。被看管得很严的孩子和习惯独处的孩子之间相去甚远。

(这时孩子走进来了,阿德勒博士跟他对话。)

阿德勒博士(问孩子):你长大以后想干什么?

孩子:我想当一个木匠。

阿德勒博士:当木匠之后又干什么呢?

孩子:用刨子。

阿德勒博士:你有几个朋友呀?

孩子:三个。

阿德勒博士:他们平时都做些什么?

孩子:他们偷东西。

阿德勒博士:我要跟他们说:"如果还继续偷窃,那将会变成什么样的人?"你是自愿听他们的话吗?

孩子:不是。

阿德勒博士:那为什么他们让你做什么你就去做呢?我觉得你是认为没人知道你偷东西,你就可以花钱买东西了。你怕吗?你很勇敢,你在学校肯定也是很勇敢的。你已经是个大男孩了,应该自己做些事情。你应该知道怎么穿衣服和自己洗漱了,这些事情是你自己做的,还是需要你妈妈帮你?你想给妈妈更多的事情做。但你已经知道自己能做这些事了,以后不要再等妈妈来帮你了。你字写得怎么样?再多加努力,你会写得更好的。

(这孩子也是左撇子。)

不要听那些拉你做坏事的人胡说八道。你不应该误入歧途。下个月你再来告诉我,你是不是独立完成任务了,是不是正在努力练字,是不是还让别人牵着你鼻子走。

(他让孩子走了。)

左撇子的孩子有一种感觉,觉得自己不如其他人善于解决问题。他们也想用右手做事;当他们发现自己做不好时,就会觉得自己什么都不行,终将一事无成。我们可以根据许多症状来判断孩子是否为左撇子:当一个孩子有阅读、写作等方面的困难时,他极有可能是左撇子。多数情况下,孩子左脸的发育比右脸好。很多左撇子孩子都会遇到困难,许多人因此放弃了学习进步的希望,一辈子都写不好字。而剩下的会特别努力地把字写好,就好像他们习惯用右手一样。那些克服了左撇子的人在学习方面很有天赋,通常他们会成为艺术家。如果你看到一个孩子用右手写得一手好字,极有可能他以前是左撇子。维也纳约有百分之三十五到百分之五十的人是左撇子,尽管他们还未确定自己就是左撇子,但也略有感觉。数量众多的左撇子要么出类拔萃,要么臭名昭著,还有很多是有问题的,从艺术家到少年犯都有。

在这个案例中,男孩是病态的独生子,母亲的宠溺和父亲的严厉对待,更促使他寻求母亲的庇护,父母应该就孩子的管教问题达成一致。对于现在出现的新情况,孩子还没有准备好。他已经和奶奶一起生活了,相处得不甚融洽,奶奶渴望风平浪静的生活。他在学校取得了很大进步,因为他有进步的能力;但他又总是跟老师调皮捣蛋,破坏规则,花样百出地搞怪逗乐其他孩子,以此获得他所期待的心理补偿。他仍未从中得到满足,便想偷窃。我们先猜测他是被另一个男孩怂恿的,这跟他的目的不谋而合。他不想让自己被练习写字牵着走,他感到自己不像从前那样得到友好的对待。他现在的处境可能更有利，但他并不抱任何希望。也许他以前在学校里没有像现在这样受到友好的对待，应该有人从鼓励他的层面来考虑这个问题。他不应该有压力，我们必须对他有耐心，要有人告诉他："我知道一切都会好起来的。你将再次成为最优秀的学生之一。"他总是想让老师注意他。如果他再一次表现得很差，我会幽默地告诉他："你没必要烦恼，我们都对你感兴趣。"这类话可能会让他铭记。个人的性格特征决定了应该采用哪种方式，我也许会用这种"有点儿幽默"的方法进行治疗。

第七章　受挫的老幺

"埃米尔，十四岁。"

这刚好是青春期的年纪，我们都知道不同的作者对这个"问题"会有不同看法。他们有些人认为，这个年龄的孩子就像被魔鬼附身，或可能灵魂中毒了。但现在我们知道，如果不是之前已经有些隐患存在，对青少年有潜移默化的影响，那么任何东西都无法表现出来。我们主要应该考虑到的因素是处于青春期的孩子总是有一种冲动，想证明自己是个成年人而不再是个孩子。如果我想证明自己不再是个孩子，那么我很容易过度表现。我会做出夸张的动作，会尝试在各个方面模仿成年人，心理学家（而不是医生）认为性腺在青春期前不会发育的假设是不成立的。

他是六个孩子中最小的，五个哥哥姐姐从十七岁到二十六岁不等。上小学的时候他一直是最优秀的学生之一；但中学之后他就开始掉队，还面临被学校开除的危险。

只要家里最小的孩子处在有利的条件下，他就会努力取得胜利,这是个典型案例。我们注意到,当情况发生改变时,他并没有做好充分的准备。但如果他是领导者之一,他便可适应这种变化。

"他不得不复读一年,经历了重重困难才取得进步。"

毫无疑问,这种困境是从他上中学的时候开始的,他无法应对新环境。中学有中学的规矩,老师们对他来说都是新面孔,他们还不认识这位以前被众星捧月的小王子,不怎么关爱他。他觉得自己受到了冒犯,变成了无名小卒。他在上小学的时候呼风唤雨,大家都照顾他。现在他遇到了困难,停滞不前。

"他说他不再喜欢学校,因为学校给他带来的痛苦多于快乐。"

虽然表达方式不同,但这跟我们刚才说过的是一样的:他只有在感到满足的时候,在能当领导的时候才会轻松自在。

"对他来说中学似乎特别可恨,他之前的一个小学同学在这所学校的表现也不是特别突出,却不需要复读,现在比他高一年级。"

最小的孩子不能忍受有人超越自己,他为了超越别人已经花了很多工夫,还战胜了很多困难。

"他抱怨在学校受到不好的对待,他把大部分的不满都归结于老师,(他说)老师蓄意刁难他,让他不得好过。"

因此,如果谁不再宠爱他,他就会立刻表现出乖戾的脾气。

"母亲说,他一上中学就什么都变了,都是向不好的方面改变。"

我们经常提出的基本问题是：他在什么情况下有理由抱怨，在什么特定的时间下会犯错？上中学可视为一种测试。自从上中学以来他就完全变了，这表明他对这种情况没有做好充分的准备。第二个问题是：为什么这个男孩没有充分地准备好呢？我们了解到他是最小的孩子，最小的孩子通常娇生惯养。因此，在调查的过程中，我们应该设法确定他是否真的是被娇惯的孩子。

"他容易紧张，爱发脾气……"

他像是一个感到万分恼火的人，好像总是受到某种压迫。

"……很容易激动，一般都不听话。"

我们可以理解为什么他在家里的表现如此恶劣。如果一个人在某一方面取得了一些成功，事情进展顺利的话，在其他方面也会感受到它的影响。同样，如果这个男孩在学校取得成功，那么他的家人能明显地在家里感受到他的成功。我们可以将他的行为与公司初级职员的行为进行比较，后者在工作中受到不公平对待，受到领导批评，晚上回家时通常会与妻子和孩子吵架，这种情况很常见。这孩子想处于领导位置，至少在家里是这样，他不愿意服从的表现就说明了问题。

"根据母亲的说法，他是个好孩子，知道怎么用天真和撒娇在家里得宠。"

我们经常发现有些被娇惯的孩子对于如何赢得人心、怎么获得别人的宠爱很在行。他们常常让人感觉到一种特别的魅力。

"当他看到母亲哭泣或难过的时候，他会为她做一切。"

他已经实现了目标，他是施与方，即做一个小霸王和控制自己母亲的孩子。这样他就可以表达自己的爱意了。此外，这也是一种聪明的行为。如果他表现得冷酷无情，他可能会被送进寄宿学校，这样他的家人就不必再忍受他在学校的糟糕表现和在家的冷酷无情了，等于他完全输掉了这场游戏。我们可以看到这孩子其实还存有希望。如果他没有希望，他就不会表现出自己的善良和感情。他一定想让母亲喜欢他，想从母亲那里得到支持。我们不应把他的善良看作一种美德，而应把它看作一种避免把关系搞僵的把戏。

"父亲离开家已经三年了。"

也许正是由于这种情况才导致他改变了对学校的态度。父亲离开家的时间段刚好与他准备升中学的阶段重合，父亲的离开给孩子带来了很大的影响。他可能想跟父亲一起走，也可能是在这时发生了新情况。父亲爱他却也限制着他，如今父亲不在家，这样他就想成为家里的"一号人物"。

"母亲认为家里没有顶梁柱。"

这对于研究母亲的生活风格来说是一个重要信息。她显然认为在这种情况下，女人太过于软弱，只有男人能控制局面。如果这时我说，从母亲的话里可以看到她有自卑感，可能很多人不理解；当她说"这孩子缺乏有力的管教"时，其实也就是在说："我太软弱了，我什么都做不成。"她除了表现出难过之外，什么都不会做。

她还是认为自己拿这孩子没办法。

"他已经在母亲的卧室里睡了六个月。"

也许他一直都想这么做，也达到目的了。或者有可能是母亲需要他的陪伴，但是不管怎样这都显示了很强的依恋心理，有点儿过度了,毕竟这个男孩已经十四岁了。

"他总是要教促才吃东西。"

被娇惯的孩子都有一个通病,就是吃饭问题。

"总的来说,他不遵守既定的规矩,常常赖床到九点,上学迟到。"

他的理由是觉得自己和学校之间的距离太远了。如果孩子上学迟到,通常意味着他与学校的关系不好。

"在这种情况下他连早餐也不吃,他还经常把午餐带回家。"

我们在此发现了母亲敏感的地方。这孩子非常准确地察觉到了这一点,并以此来折磨她。母亲夸大了食物的重要性,也表现出了对此的敏感。她高估了问题的重要性,把这种态度向孩子展露无遗,而孩子现在抓住了这一点。

"根据母亲的说法,他一般不撒谎,只是在需要用钱的时候会撒谎。"

母亲对此表达得不是很清楚,因为这仍然是一个跟说谎有关的问题。

"他在其他方面也有目标。"

这就证实了我之前观察到的一个现象,他想在某些地方成为领导。他还没有放弃希望,正在寻找机会实现自己的目标。

"他是教堂合唱团的领唱。"

由此我们知道了他一直都想成为一个领导者,那么现在问题来了:他为什么还不满足呢(请注意,他有个哥哥是杰出的歌唱家,还举办过演唱会)?很明显,成为合唱团的领唱还不够,他的目标还没有实现,也许他还想成就更多,他需要在其他领域也有机会去实现目标。这样一来，也许他就会在学校里表现正常了。他还没有失掉所有的希望，没有放弃竞赛。但如果他完全失去勇气的话，我们能从他身上看到什么呢？他可能会犯罪或者患上神经症。如果基于现有的信息再继续深入研究这个问题，我们会陷入相对困难的境地。我们没发现任何其他的不安全征兆，没发现他有攻击性，因此他更有可能变得神经质。如果他很活跃，也有伤害他人、攻击他人的倾向，那么我们可猜测他以后会成为罪犯。他在用钱方面撒谎的事情说明不了什么，我们更倾向于判断如果他失去所有希望会变得神经质。

"曾经有段时间他特别会骑自行车。"

老幺！他对骑车特别在行，也许他今后会参加自行车比赛。

"他现在最大的愿望是拥有一辆自行车。据母亲说，他花钱太大方。"

如果这个观点被证实了，就会有人觉得，一旦失去希望，他就会去盗窃。

"他自己可以自由支配一大笔钱。"

也许这个说法有点儿夸大其词。

"他有一些其他学校的朋友，但是母亲不喜欢他们。"

我们发现一个有趣的现象，他不会在自己失意的地方交朋友，而是在自己曾经受人瞩目的地方交朋友。

"他去英格兰拜访父亲时心情很好。"

跟父亲在一起的时候，他肯定很温和、很有礼貌，因为他心情很好，不再需要忍受学校的种种不快。

第七章 受挫的老幺

"这也有可能是因为他不需要上学。"

"最近他也没有那么懒散了。"

（通过V医生的治疗）

懒散是被娇惯孩子的一个特征。

"根据学校展开的一项调查，整个家庭也许都应该为这孩子的粗心大意负责。"

"他们都赖床到中午。"

我想观察一个我认为很重要的方面。在我们这个时代，父亲必须努力工作（在很多情况下，母亲也必须努力工作），就没有太多机会和时间与其他家人聚在一起。我认为，一家人在早上七点（考虑到学校的作息时间表）一起吃早餐对孩子之后的生活有着特殊的重要性。你会发现，如果做不到这一点，家庭内部就会出现很多问题。有些家庭总是缺乏正确的社会发展基本条件，这些家庭没有从一开始就接受训练，他们不知道该怎么在一起就餐。在一起就餐就应该畅所欲言，妙趣横生，娱乐尽兴，还可以互相交流，公开讨论问题，但不是教训或者讨论糟糕的成绩等，这些问题应该迟些再讨论。全家人一起吃早餐的好处数不胜数，二十年来我一直都在强调这种方法。人们对这一方法的反应常常是带有怀疑地一笑置之，很多人都不愿意照做。但是我可以说，有一些错误只有那些没有养成这种习惯的家庭才会犯。一个人整个早上都赖床，晚上当然难以入睡，在那时困意自然还没产生。当我们听到家长抱怨他们的孩子，说孩子老不在家，整个晚上都在酒吧或者电影院时，我们就可以归咎于以上情况。通过全家人一起吃早餐的方式，很容易就能避免许多问题的发生。

"根据老师的说法,这一家人都撒谎。在搜集信息的时候我们就在一定程度上意识到了,特别是母亲经常夸大其词,明显没有说实话……"

如果考虑到目前为止所发生的事情,我们也不能说母亲有多夸大其词。这个男孩很聪明而且声音甜美,这是无争的事实。这对母亲来说也许很重要,但我不会理解为她说的过于夸大了。

"很多老师都认为这孩子爱撒谎、懒散、无精打采、狡猾。"

这个说法很严厉。就算我们承认这是对孩子准确的描述,但它仍是一种严厉的批评。这个男孩似乎也能感觉到老师们对他的敌意,这些表现无一不标志着长期的抗争。

"但是他们都确信这个男孩不傻,如果能改变,他便能达到学校的要求,目前他是没达到要求的。"

这个总想当领导的男孩一旦遇到困难,就会在学校做出格的事。我们应该就此找到这位反抗权威的斗士的个性特征。

"他的四门功课都学得不好:数学、历史、地理和宗教。"

令人吃惊的是他的宗教课学不好,但这可能是因为他跟老师相处不好。了解到他在学校成绩这么差,还真有意思。至于数学,我们经常发现被娇惯的孩子数学很差。当然,这也有可能是他与数学老师对抗造成的。

智力测试显示智商水平一般

我们都坚信这个男孩很聪明。在这个案例中,要扪心自问,我们该做什么?根据上述描述,我们已经采取了治疗方案。我们应该找一个人,这个人可以获得孩子的信任,还可以鼓励孩子,帮助孩子与同学建立关系,做好功课。他可以跟孩子坦诚地对话,帮助孩子理解到目前为止自己还很模糊的东西。如果能按照这个方法实行,孩子会改掉自己的坏习惯。我们需要有人告诉他,每个人都会遇到困难,遇到困难的时候都应该坚强面对,但只有孩子信任的人才能做到这一点。找个男人来实施这一计划可能更好,因为这孩子会像对待自己母亲一样对待其他女性。我们也知道,这孩子对父亲的态度与平时大不一样,自从父亲不再关注他的那一刻起,他的态度就开始恶化。如果哥哥能理解整个情况和其中的利害关系,也许能赢得他的信任。哥哥应该在不批评他的情况下,提议他去开始一段崭新的生活,完全忘记过去的一切。哥哥应该让他明白,其实他的内心是渴望成为一个歌唱家的,还有他之所以对学校不感兴趣,是因为他相信只有当歌唱家才能成为一个重要的人。我们还应该让老师给他一个缓冲期,因为就算哥哥能让他走回正道,可是一旦在学校的成绩变差的话,那么情况就会朝坏的方向发展,而他目前在学校的糟糕表现,正是他与学校对抗的结果。

第八章　低能儿，还是问题儿童？

我们在和母亲或孩子见面前就该对案例有清晰的印象，这对我们来说很重要。我应该给你们读一下这份病历，你们就会知道我是如何尽力从每个信息中得出结论的。

"B上幼儿园时是最受忽视的一个，我们可以想象到他在身体和精神上都受到了冷落。"

由此我推断，没人关心他。与他人的紧密联系可以训练孩子的心智，对孩子的精神发育十分重要。

"他营养不良、邋里邋遢、衣衫不整，快到冬天了也不穿鞋。"

他显然是穷人家的孩子，家里条件很差。

"他精神有点儿呆滞，说话困难。"孩子只有在社会关系中才能培养语言能力。如果缺乏这种关系，他是无法锻炼说话能力的。我们同时还应该自问，这孩子是否有可能为低能儿。这只是个假设，在之后的调查中应该小心求证，因为一旦我们得出这一论断，就决定了孩子未来的命运，将一个健全的孩子

第八章 低能儿，还是问题儿童？

诊断为低能儿是无法原谅的错误。

"我们和他说话时，他躲躲藏藏，开始还大哭，身体扭来扭去。"

如果有人想碰他，他就马上躲开。他应该属于第三种孩子：被遗弃的、非婚生的孩子或者瘸子。他明显对周围的人都怀有敌意。

"他很胆小……"

人们只有在感到自己属于这个世界的时候才会有勇气。

"他打其他孩子，但是却害怕被他们打。"

"他在吃饭的时候需要帮助，总是等着有人来喂他。"

有些信息应该是有所保留的。被娇惯的孩子一般会有吃饭方面的困难，但也可能是他在这种时候也要维持敌对情绪。大人确实有可能想喂他吃饭，但只是想尽快摆脱这孩子，因此他从不学习自己吃饭。

"但就算他很饿，也经常拒绝吃饭。"

这孩子的言行举止让人觉得他好像在战场上一样，但是我们必须密切观察，判断他是否有低能儿的迹象。

"只有在大闹一场之后（这总是会被周围的人忽略），他才会安静下来吃饭，还狼吞虎咽。"

所以最后他是安静地吃饭的。

"他是合法的婚生子女，学走路和说话都很慢，直到现在都没学会好好说话。"

我们可以理解他说话的问题，但是他走路又有什么问题呢？据我们观察，获得足够关心的孩子学走路是比较容易的，我们必须考虑他身体是否有问题。也许这孩子患有佝偻病，或者他长牙晚了，这是某种疾病的共同征兆。

"他总是惹事……"

但他只在旁边有人的情况下才捣乱，这个信息让我们感到很惊讶。也许是父母对他绝望了才会对他不理不睬，也许家里还有人照顾他：可能是奶奶、姑妈或者大一点的姐姐，在一定程度上由他支配。我们由此可总结并理解他在幼儿园的行为。如果结论不对，我们愿意改正。

"……还反抗，或者至少有点儿挑衅。"

这可能是因为家里人没有真的对他很严厉。抗拒是反抗的一种，当他身边的人特别强大时，孩子就不敢反抗了。也许他之前还是受到很多关爱的，关爱消失之后就发生了上述情况。为了继续调查，我们得记住这一点。

"他踢人、在地上滚、大喊大叫，打翻身边所有的东西。"

这似乎也表明他所处的环境变差了，环境肯定是改变了。我们的两种设想是正确的：首先是被宠坏了，而后被冷落，这让他变得野蛮和充满敌意。

"他常常尿床。"

这表明他想通过跟某人捣乱来吸引注意力。

"他还啃指甲。"

我们总是在其他倔强的孩子身上看到这种习惯，大人们越是告诫他们别啃指甲，他们就越是通过啃指甲来抵抗。

"每到吃饭的时候他都很贪心，有时候他还会抢其他孩子的食物。"

他没有多少社会情感，从这点就可见一斑。

第八章　低能儿，还是问题儿童？

"他的佝偻病很严重，精神很呆滞。"

这就证实了我前面的猜测。

"他不爱跟人沟通，跟谁都处不好。"

被娇惯的孩子和令人厌恶的孩子就有这样的特点。

"他喜欢折磨动物和他人。"

这两种类型的孩子都有这种特点。他们想展示自己的能力。

"他玩游戏压死苍蝇时，总是很高兴。"

你看，他证明了自己不是个脆弱的人。

"他总是争第一。"

一开始我们就猜测他是被娇惯的孩子，现在这个观点得到了证实。也许之前父母提供的生活条件比较好，后来发生了变化，此后他便缺乏关爱和温暖。

"他总是给别人下达命令，如果达不到目的，他就打同学、搞乱桌子和椅子，自己在地板上坐着，谁的话都不听。"

这些都是想要成为焦点的、被娇惯的孩子的特征。

"现在他愿意去幼儿园了，他要检查自己是否带上了我给他的礼物——手帕。"

他现在开始适应环境了，我们可根据这一点总结出他已经跟幼儿园的老师建立了联系。据我们观察，老师已经取得了他的信任，重新营造了被娇惯的愉快氛围。他有一种感觉：你现在已经得到了你想要的。现在他对他人的兴趣开始觉醒，但还未完全实现。

"他对这里的一切都感兴趣。如果他一直有事忙着，他就会很高兴，比如喂鸟、浇花、扫地、帮比他小的孩子穿鞋等。"

我们曾说他有可能是低能儿，这一猜测逐渐不成立了。显然他在慢慢适应环境，还与幼儿园的老师建立了感情，各种行为都表明他很聪明，要确诊其为低能儿并没有足够的证据，这个猜测再也站不住脚了。

"他家里的条件让人很同情，父亲死于肺结核，母亲是个技术不娴熟的工人，不太关注他的教育。"

那是什么人在宠惯他呢？也许是父亲仍在世时。

"她常常把孩子的衣服卖了（因为她收下了我们给孩子的冬衣、鞋子和其他东西），然后用毯子裹着孩子送来学校。"

我们完全可以想象这个受人唾弃的孩子的境地，他在没有爱和温暖的环境下长大（一点儿都不夸张，毕竟母亲卖掉了他的冬衣）。

"他是最小的孩子，其他几个孩子都是男孩，分别是十岁、十五岁、十九岁。"

这让我觉得可能其中某个孩子特别照顾他。对于他的成长环境，我们必须记住他是最小的孩子。如果我们还记得他是被娇惯的孩子，那就可以肯定，因为他是老幺，他拥有某种权利。他有三个哥哥，他也想和哥哥们一样。他不希望哥哥比他拥有更多权利。他希望自己是领头的，他想高高在上。

"他老是哭，但只是在反抗或者生气的时候才哭。"

哭闹是特别有效的武器，如果孩子们发现哭闹对我们不起作用的时候就会停下。他用眼泪来获得认可。

有一对聋哑夫妇生了一个男孩，这孩子说话和听力都没问题。当他伤害自己的时候就会哭，但却不会发出声音。眼泪从他的脸颊滑落，却听不到哭声。这种情况很好理解，因为男孩知道哭声对聋哑父母来说没有任何用处，所以哭的时候只会流泪却不会出声。这就是特定环境下人们所具有的特点。

"他最喜欢的游戏是体育运动和搭积木。"

这孩子也许不像我们之前想象的那么笨拙和迟钝。

"他最喜欢的故事是《侏儒怪》和《睡美人》。"

通过故事来推导结论可能会颇有成效。第一个故事是一个聪明人战胜另一个聪明人的故事。而他喜欢《睡美人》，对我们来说更好理解，因为它表达了非凡的勇气，带来了成功的希望。为了发掘故事里究竟是什么因素特别影响了男孩，我们应该更深入地了解故事。当我们更好地了解孩子之后，我们也能更清晰地理解为什么他喜欢这两个故事。

"他经常做白日梦。"

这说明孩子沉溺于幻想，跟《睡美人》很相似，"睡美人"也是一直睡觉，也许我们应该找到能更好理解这孩子的线索。

"他最近因为身体欠佳而嗜睡，我们都害怕有一天他再也醒不过来了。"

这个弱点跟《睡美人》的桥段是一样的，我明白为什么这类孩子要比其他孩子更喜欢睡觉，因此他喜欢《睡美人》这样的故事。

"很明显这孩子一直都在被殴打。"

也许是母亲毫不怜惜地打他。

"他觉得所有人都讨厌他，他想要吸引大家的注意。"

这个特点一般不会体现在受人厌恶的孩子身上，这种孩子习惯转身逃跑，而被娇惯的孩子则总是想吸引大家的注意。

"对他来说,表扬就是一切。当你告诉他'加油,你是个勇敢的孩子'时,他的眼睛会发光,那个瞬间一切都是美好的。"

他具备被娇惯的孩子的人格特征,在这些时候他会觉得很轻松自在,这就是他生活的目标,也是他的追求。

"如果他开始了一项工作,他会从头到尾地完成它,如果有人表扬他的工作,他更是准备好了再来一次。"

这就是可以撬动他的杠杆。一开始,他着手进行一件事是因为他知道等待他的将是表扬和大家的喜爱。因此,我们应该利用这一点,向他说清楚,他应该让自己成为有用的人,而不是期待着立刻就得到表扬。与其马上表扬他,还不如告诉他:"如果你能这么做,那就太好了。"

"他的表现就像个两岁的孩子,好像很笨的样子或者假装成小宝宝,那么大家都会抱他、宠他。"

我们经常会发现被娇惯的孩子或成年人表现得像个小宝宝一样,他们常常像小孩那样讲话或口齿不清。他们渴望回到之前的地位,想回到那些曾经像在天堂般的美好日子,这也许是因为孩子在生病的时候受宠惯了。这种疾病有几个非常阶段,除了宠惯孩子也没其他办法。因此,他的需求就是受宠,他努力追求表扬和被爱。他自己并不知道这些,但这就是他生活的方式,因此我们也许能通过向他解释这样表现的原因来改善其状况。

"他的说话能力很差,身体发育正常,只是耳朵偶尔会有分泌物。"

这有可能是中耳炎还没治好的缘故,如果他没有过分受这个病影响的话,他有可能比其他孩子的听力都好,更能接受音乐。因为他的耳朵也许比普通人的更敏锐,不是所有孩子都有可能患中耳炎。鉴于这种情况,也许会有一个新的领域向他张开怀抱。我们可通过乐器或者合唱团帮助他更好地融入社会。

"他精神呆滞,行为举动像个三岁的孩子。"

一个五岁的孩子总是表现得像个三岁的孩子,这难免让人认为他的智力有问题,可能还会有人觉得他是低能儿;在下结论之前,很有必要全面地给他做一次测试。

"总的来说,在不熟悉的人面前他不怎么表现。"

这是被娇惯的孩子的个性特征。

"他在体育方面取得较好的成绩,普通体操和艺术体操是他最爱的运动,他在这方面十分出色。"

我感觉还没到总结的时候,我们很少听到有低能儿在体操和节奏型运动方面表现出色的。他能掌握体操的整体运动,还能取得优秀成绩,证明他具备协调性,而这是低能儿所不具备的。

第九章　被误导的"雄心壮志"

有位老师给我们提供了一份病历：

"M九岁，读四年级，她是家里五个孩子中年龄最小的，哥哥、姐姐分别是二十五岁、二十三岁、十五岁和十四岁。最大的女孩已经结婚，有一个几个月大的宝宝。因为M是最小的孩子，又长得很漂亮，所以她在家里呼风唤雨，受到父母和哥哥、姐姐的溺爱。因为父母整天都要工作，所以哥哥、姐姐承担着教育和照顾她的主要责任。父亲受雇于一家贸易公司，每天早上七点出门，到晚上六点才回家。母亲经营一家内衣店，也是一样每天忙碌。

"开始上学之后，她在课堂上讲话，精力过剩又傲慢自大，喜欢吵架，性格有点野，因此在班里非常突出。一年级的老师常常说她既可怕又聪明，她情绪好的时候很勤奋，不好的时候很懒散。

"我是在她上二年级的时候认识她的，我不能说她很懒；相反，她的学习无可挑剔，作文相当好，想象力丰富，能很好地表达自己，背诵也可以，写字不错，保持整洁干净（必须承认这是她的虚荣心带来的成果），她希望受人钦佩。当她把作业写得特别好的时候，她都会把作业本带来给我看，甚至在上课前就拿来了，然后骄傲地说：'看，这是我写的！'有人表扬她的时候她很高兴。她完成任务的时候很有方法，也很有勇气。上体育课的时候她很灵活，也很勇敢，她自己学会了骑自行车和游泳。现在她想要溜冰鞋，这样今年她就可以学溜冰了，这些都是她的优点。

"但她对自己估计过高，总是想引起别人的注意，而在三十个孩子的班级里，这是不太可能实现的。当她受到忽视时，她就开始在班里捣乱，不受控制地去影响别的孩子。尽管已经被批评了好几次，她还是这么做。她还止不住自己的好奇心，当我指出另外一个学生作业中的错误时，她离开座位去看同学做错的地方。她对所有禁止做的事情都特别感兴趣。去年校长不允许任何人在万圣节扮鬼，担心吓到隔壁一年级的学生。第二天课间休息的时候M去了洗手间，几分钟之后她打扮成魔鬼冲到隔壁教室，挥舞着干草叉，推挤其他孩子，还大喊大叫。我批评了她，我问她知不知道学生不允许扮鬼的事，她不回答。

"有人批评她的时候她总是这样，我们要注意一点，她从来不直接与别人对视。如果我在教室里盯着她一段时间，她就会表现出极大的焦虑。这时她就会尴尬地看向别处，偶尔胆怯地瞟我一两眼，看看我是否还在注视她。但她还是挺诚实的，她母亲也说她从来不撒谎。

"她对获得认可的渴望可从以下例子中明显看出来。去年一个学校领导来参观我们的歌唱班，刚好是在我的课结束之后。她总是在课堂上讲话，还不停捣乱。由于纪律表现欠佳，M已经好几次被撵出教室了。这次她获准再次回到课堂，由于她没有参加和其他学生相同的培训，当然没办法出色地完成表演。但她忍受不了只是在队列里站着，跟其他同学一样，没人关注自己。课间休息的时候，她找到正在跟其他老师说话的校领导，在那儿翻了个筋斗，因为她很擅长体操。

"她喜欢玩小把戏。比如，有一天她跟我说她看到房东把鸟笼放在院子里，她就去把鸟儿放飞了。房东不知道是谁在捉弄他，所以她很高兴。她说她觉得鸟儿很可怜，鸟儿当时在不停地尖叫。放假的时候，她在家附近的街上玩耍，把肉店的铁窗拆了。肉店老板娘冲出来抓住她，她母亲也从自己的店里冲了出来，还打了肉店老板娘，最后母亲被告了，被罚了十先令。

"母亲叫我对孩子严厉些，因为孩子在家里已经让她筋疲力尽了。孩子很倔，当母亲让她做些事时，她说：'我才不做呢！'通常只有强迫她，她才会屈服。如果母亲有足够的钱，她就会把孩子托付给能好好把她养育成人的陌生人，毕竟父母都忙于工作而不能分身照顾她。尽管哥哥、姐姐都很爱她，尽力呵护她，但她无动于衷。在学校她也是一样，她天天都要打同学，或者毫无理由地在地上耍赖。她已经有两次把同学往墙上或者长椅上推，让同学都受了重伤。在去学校的路上，她老是扯同学的头发；在学校下课的时候，她威胁要打人家。因为以上种种恶劣行为，其他孩子都怕她，不愿意让她出现在班里。上课时，如果旁边的女孩叫她不要乱动，她就会打人家，拧对方，或者在凳子下面踢对方。就算把父母叫来学校沟通也丝毫不起作用，一般都是她母亲来学校，母亲抱怨父亲的不是，说他太过于娇惯孩子了。我从没有机会当面跟她父亲交谈，但是她母亲答应今天会带她父亲一起过来。"

阿德勒博士：在这份详细的报告中，孩子在成长过程中出现的主要问题已经叙述得十分精确。这个小女孩表现出一种特别明显的倾向，那就是错误的自我主张。据我们所知，她是家里最小的孩子，从小就娇生惯养，这就是为什么她的自我主张倾向如此强烈的原因。作为老幺，她总是想超越其他人。就算她也有表现好的时候，但我们还是惊讶地发现她的诸多缺点，我们能理解为什么孩子的表现越来越差。她表现得像陷入困境，受制于命运一样。她想成为引人注目的焦点，可由于到处惹事，现在谁都不爱理她，所以她还想继续捣乱。我想再简要地回顾一下这份详细报告中的几点，它们让我对这孩子的整个行为过程感到十分惊讶。

她努力地想超越所有人，在学校她仅仅取得了部分成功，于是她想通过上课时持续捣乱、打人和给母亲惹事来继续实现缺失的部分。我们猜测，如果她是班长，她的行为就会完全不一样。她本人不会改变，只是她的环境会变好。她需要得到认可的心理不会因为在家或在学校而减弱。同学跟她打架，在这场战斗中，她想赢。如果只靠打和惩罚是没办法改变她的，即使她不敢再公开惹事，她也会偷偷地进行，她会因此去撒谎。我相信她把鸟儿放飞并不是真的可怜小鸟，这只是她的说辞，她其实是喜欢招惹别人的东西，以此获得快乐，这也是她为什么要看同学作业的原因。看到别人犯错误她会很开心，这样她就会有优越感，她认为自己比其他人都要优秀。就算她总能用各种办法取得这种胜利,但对她的人生其实毫无益处,她也不会找到任何一个人能让她一直保持这种优越感。我们必须介入,从根源入手解决问题。小孩必须知道自己都犯了什么错,得有人向她解释,她太过于追求优越感了,当她不能用对社会有用的办法达到目标时,就会采取对社会无用的方式(骚扰别人、控制别人)。但这种解释不能用责备的方式进行,不然她会再次拿出对抗的姿态。对这类小孩进行责骂,会让其认为:"从现在开始我要更加调皮。"这孩子想证实她是最强大的,我不认为仅仅通过一次谈话就可以让她改邪归正。她需要的是一个跟她没有牵连的外人,友好地暗示她,告诉孩子其内心的心理活动是什么。她知道母亲依赖她,因此对母亲威胁要把她送人的话置之不理。她如此聪明,知道老师不能触碰的底线,她还知道不存在什么彻底的一决胜负。

我们知道,就算她经常折磨父母和哥哥、姐姐,对他们很刻薄,可家人还是爱她的。她想掌控别人,但这对哥哥、姐姐来说并不总是奏效,因此她变得具有攻击性。我们发现她在哪里都是一样的节奏,使用同样的方法。母亲的威胁毫无效果,对这孩子严厉也没用,因为她知道父亲总是护着她的。此外,对于她被娇惯一事,很有可能父亲并不需要承担所有责任,毕竟家里人对这种事情通常会互相怪罪。我们必须提示一下父母,这孩子相当不负责任,因为直到现在她都是在沿用小时候形成的生活风格来行事。只要她继续坚持错误的目标——总想成为第一,总想成为焦点,她就没有改变的希望。

引导小孩和母亲的最好方式就是告诉她们,一般来说老幺都想成为瞩目的焦点。

第九章 被误导的"雄心壮志"

阿德勒博士（对父母说）：因为孩子总是更强大一些，所以跟孩子斗争是没有结果的。你们应该跟她委婉地说清楚，如果她总是想控制别人（一般老幺都有这个特点），这也没有什么反常的，必须让她理解为什么会有这种神秘的力量驱使她，让她总想成为众人关注的焦点。

对老师的建议：如果她故伎重施，你就用理解的微笑看着她，并跟她说："我知道你又想让所有人都关注你。"

阿德勒博士（对一直在哭的孩子说）：你想成为最优秀的学生吗？你在很多方面都很优秀，你是个聪明的孩子，但你要改掉老是强迫别人关注你的坏习惯。你是老幺，你总想显示你是老大。其他老幺也经常这么想，我们都知道，这不是你的错。现在我们来看看，你的字写得很好，体育也很出色，你为什么总是要招惹其他女孩呢？你有很好的父母，你应该快乐才对。有什么原因让你一定要成为最重要的人吗？你要相信我，你不需要哭，你不是来这里受罚的。你来这里是因为我们要告诉你，你一直都做错了什么。你总想在家里证明自己是老大，你不需要这么做，你知道的事情跟其他人其实一样多。你应该直视别人的眼睛，让人家知道你的好意。告诉你自己："我不想变得霸道，我不想变得不高兴。我不想给妈妈添加额外的负担，要她总是照顾我。"试着让妈妈高兴起来，你可以做到的。之后你就可以告诉自己："虽然我是老幺，但是大家都爱我。"你看，你觉得你能做到吗？还是你想继续做那种人，整天吆喝着"你们快看我"！

一个月之后再回来。

第十章 弃 儿

"他是早产儿（八个月就出生了），还是个私生子。"

注意这第一段陈述，八个月的早产儿跟普通的足月孩子其实没有太明显的区别，诊断也不是百分之百正确。我建议不要把他是早产儿这件事告诉孩子，是不是早产儿其实无关紧要。

"九个月大时，他就蹒跚走路了。十二个月时，他开始牙牙学语，并且第一颗牙断了。"

他应该是在六个月大的时候长的第一颗牙。

"其他牙齿慢慢都长齐了，他一直患有麻疹。由于孩子现在跟养父母一起生活，所以母亲无法提供其他既往病史的信息。孩子的父亲当时还是个服务员，现在已经离开了这个城市，他付给养父母一定的生活费。母亲也没有提供有关孩子父亲的太多信息，只知道他这人很粗俗、鲁莽，还是个酒鬼。母亲患有肺部疾病，据她自己说，家里都没有遗传病。"

我们知道现在还不需要过多考虑遗传因素，主要考虑的是精神状态。

"孩子的母亲跟一个没有技术的工人结婚了，据说他们的

第十章 弃 儿

家庭生活还不错。两人在婚后生了两个孩子,其中一个在一岁时死了,另外一个现在三岁。

"男孩被托付给了养父母,养父在一家炼油厂当管工,是个酒鬼,非常粗暴。养父母有一个十七岁的男孩和一个两岁的女孩。养父母家的哥哥跟这个男孩处得不好,会挑衅他、惹恼他、捉弄他,粗暴地对待他,稍微被惹恼就要打他。养父一直以来都是孩子的坏榜样,特别是喝醉的时候,有时候场面惨不忍睹,他会殴打自己的妻儿,还叫嚣着哪天要把这个小孩像皮球一样扔出去。"

我们都知道当一个"被厌恶的孩子"意味着什么。

"有了这些印象,我自己便有机会体会到孩子心中深深的伤痕。有一天我看到有个孩子在沙堆里玩,我就跟他说:'小心别把裤子弄脏了,否则你妈妈要骂你的哦。'这孩子回答说:'养父总是骂养母和我,有时他甚至拿皮带抽我们,然后养母哭了。'"

"养父喝醉的时候,和养母所有的亲密行为都不会避开孩子。这一情况跟母亲的陈述有一定的关联,她说小孩有玩自己生殖器的习惯。"

我们常常可以从孩子们身上发现这些情况。

"母亲说她发现他和三岁的弟弟在床上玩他自己和弟弟的生殖器。男孩十分亢奋,呼吸急促,他在这方面的语言表达能力惊人。我发现这孩子有虐待动物的倾向:他小心翼翼地在窗上找苍蝇和虫子,只为了碾死它们。有一次我发现他的手指被什么包着,走近一看,才发现是一条被他弄断了的蚯蚓,他还舍不得扔。"

折磨动物的事情说明他对弱者怀有敌意,他认为这个世界对他是有敌意的。

"自四月开始,他就跟自己的母亲住一起了,后来母亲必须住院一个月,于是他的环境又再次改变,他被送到儿童中心跟一个家庭生活了两天。九月二十五日,他上幼儿园了。大家都不理他,他是那么微不足道,但也没有出现任何器质性异常。他的皮肤上都是湿疹,头发上满是虱子。他从幼儿园被带到了诊所,诊所教给母亲一些治疗方法,但是母亲没有照做,所以他恢复得很慢,母亲坦承她并不喜欢这孩子。"

一个弃儿:非婚生子。

"在第一次与母亲的会面中,她跟我说:'我对孩子凶一点,也会惩罚他。你跟他说话就得粗鲁些,否则他不听你的。他也习惯了,从小就是这么长大的。他也是个聪明的小孩,是养父母带大的(让人觉得母亲对他的责任只是因为他是非婚生子)。他尊重我,但是他更爱我的丈夫。当我靠近他时,他就会大哭,这孩子让我一刻都不得闲。他动来动去,坐立不安,总是打断我的工作。我做事或者吃饭时,那种沉默最让他抓狂。为了获得关注,他会发出轻微的哭声、跺脚、拉动椅子弄出很大动静,或者敲桌子。"

这实在让人难以相信。我们只能设想到一种情况:他挨打或者害怕时,是不是会产生性亢奋。这类孩子故意惹怒人之后挨打,我们知道这孩子很容易性兴奋,也许他属于这一类。

"当我叫他安静下来时,他就嘲笑我,并且继续发出噪音。我要是不理他,他就会愈演愈烈,有时候他自己就没理由地在地上打滚哭闹。"

第十章 弃 儿

他给人的印象是他想惹恼身边的人,他也很清楚这么做的后果。

"他的叛逆给小组做了坏榜样,当我给孩子们安排日常活动时,他就大喊:'不!我就不做!'"

这种行为表明了他的敌对态度,他不知道有些人还是很善意地对待他的。

"我处理他的叛逆问题跟处理其他孩子的不太一样,但是小组里的一些小孩会利用这一点,模仿他的行为。"

这种行为有时候是具有传染性的,特别是当问题儿童感到自卑并想证明自己时。孩子们都希望得到平等对待,你们可能也已经注意到一种现象:如果学校里有一个孩子晕倒了,那么另外两个或者三个也会跟着一起晕倒。

"他没有社会情感,他会招惹其他孩子,抢其他孩子的玩具和积木,就算他自己也有同样的玩具。他毫无理由地推、抓、打其他孩子。"

他表现得像个敌人一样。

"他对什么东西属于自己、什么东西属于他人的概念不是很清晰。"

只有当一个人对他人感兴趣时,他才能明白这些概念。

"举个例子:这个男孩抢别人的口哨,其他孩子跑来找我抱怨。我想平息这场纷争,建议其他孩子把口哨借给他一下,但孩子最后还是坚持这是自己的口哨,不肯借。我招手让男孩过来,但是他躲到操场最远的角落去了。最后他终于过来了,来了就躺在地上。我冷静地跟他说:'起来,去把口哨还给人家。其他孩子也想玩,之后他再借给你。'说完这些之后,他唯一的反应就是开始尖叫、跺脚，还想打我。看到这边发生了事情，一大堆孩子都跑了过来，其他小组的孩子也来了。因为他不听话，我只能把他从地上拎起来带到室内。过了一会儿，他总算安静下来了，我想让他明白如果有人抢了他的东西，他也会不高兴的。然而，他的反应让我目瞪口呆，他的牙齿开始打颤，好像浑身发冷，然后一整天都黏着我，还牵着我的手亲了好几次。跟他母亲交谈之后，我才知道原来养父总是拿走他收到的礼物，不会再还给他。"

这种情况下，他表现得这么温顺和感激的样子就特别引人注目。毕竟他手里的口哨还是被拿走了，但是我不清楚他为什么会如此感激。是不是他当时出现了性兴奋？或者因为他没挨打，所以才感激呢？

"午休是最麻烦的一件事，其他同学都受他影响。他在安静的环境里突然毫无理由地大喊大叫，突然起床，把床弄得咯吱响，大声地自言自语，其他刚准备入睡或者已经睡着的孩子都被吵醒了。"

他表现得像个发怒的敌人。

"母亲给我们提供了一个信息：他从来不尿床，基本上不打呼噜。他跟继父一起睡，喜欢靠得很近。"

这点似乎也可证实我们的设想，他确实是性兴奋型。

"父母八点钟就让他上床睡觉了，他老是睡得不安稳，呼吸急促，有时候还会呼吸困难。他总是在凌晨一点的时候醒来，然后就不想睡了。父母用了很多种办法（最常用的方法就是打屁股）来让他继续睡觉。当他中午回家时，他和弟弟一起睡午觉，一个人睡一边，打了他屁股之后才肯睡。这再次证明

第十章 弃 儿

这孩子是多么的受挫且难以接近。我曾试过称赞他的一些小成就,想借此对他有所影响,他短暂地回应了一下,但不会表现得更好。他在幼儿园的头几天,我注意到当我轻拍其他小孩时,哪怕离我们很远,他也会停止玩耍,看着我们。"

我们必须牢记,在他所处的环境里,大人们总是对弟弟更好,他自己亲身体验过很多次。

"他呆呆地站着,盯着我看。第二天我故意做了相同的手势,距离他比较近。他再次呆立住,盯着我们看,可以看出这个行为对他造成了多么深的印象。我努力去亲近他,但是基本没用。这可能跟他不能集中注意力有关系,他的所有行为都显示出他不能集中精力。"

你们可再次看到他的功能还未发育成熟,因为他不想跟其他人沟通。

"他说话没有顺序,没有内在逻辑。如果他要扫地,他就用扫把乱划几下,然后放下,开始到处乱扔小木偶。一开始,就算在吃饭时,这种倾向也还是很明显的。他不知道什么是正常安静的吃饭。穿衣脱衣时他也需要帮忙。最近我发现他开始学习分辨是非,因为当其他孩子犯错的时候,他跑过去指责他们。"

他想跟老师建立联系。

"他去告其他小朋友的状,但又不想看着他们受罚。我不明白这点。"

"他很喜欢去幼儿园,母亲说,哪怕周日他也吵着要去。在上幼儿园之前,他没有表现得特别兴奋。刚开始几天,他甚至不愿意回家。"

这都清楚地表示他更喜欢幼儿园，通过幼儿园我们一定可以让他进步，对此我一点也不怀疑。

"他老是哭得很厉害，跑到衣帽间的地上打滚。只有在我们善意地警告并保证他第二天还可以再来的时候，他才肯起来，跟他的邻居小女孩一起回家，小女孩的哥哥也在这个幼儿园。他不再表现出害怕'家'，但是等到大人来接他回家时，他又变得很不老实，不听话。

"大家都认为他是个很机灵的孩子，他用自己的方式来理解事物，很热烈活泼地进行各项活动。他很大方，比如说，他从午餐里拿出一个李子给我，不一会儿，他又来给我一个，还说：'再给你一个，这样你就有两个了。'总的来说，他喜欢给别人自己所拥有的东西。"

有某种东西正开始帮助他获得一定程度的社会情感，这类小孩需要一点时间来慢慢进入角色，不可能一蹴而就，我们必须有耐心，这样才能克服其他的障碍。我想问问母亲，这孩子是否对打他屁股这种做法很恼火。但是我也很清楚，我不应该对此有任何建议。我将善意地让她了解，母亲应该尽力让孩子产生一种感觉：他和其他孩子一样重要。

第十一章　独生子想扮演的角色

一位老师的报告中提到一个十一岁男孩的案例，他跟谁都相处不来，不停地扰乱课堂秩序，还从母亲那里偷钱。报告中提出的主要问题是，这孩子在与其他孩子相处时一定会吵吵闹闹，还要当领导者，他是独生子。

他的成绩处于普通水平，看起来还挺聪明。

对于他的家庭情况，报告里没有提及任何信息。

一个受到很多人娇惯的独生子，没办法跟其他孩子相处，这就阻碍了他的社会情感的发展，我要跟他母亲谈一谈。

母亲说这孩子品质还不错，但是受他人影响很大，很多时候他都不听话。其他男孩向他母亲告状，他就跟他们说："我妈妈叫我做什么，我就不做什么！"他经常跟母亲撒谎，母亲会因此惩罚他。有时候她"只是手滑"打了他，有时候她用没收他喜欢的东西来惩罚他。有一段时间他跟养父母住，养父母对他很好。在家里，家人对他更好，他什么都不缺。之前他做错事，惩罚他的时候他还会道歉，现在他只会生气或者冷笑着回答。他想在家里发号施令,还有吹牛的倾向。母亲的现任丈夫不是孩子的亲生父亲,但他对孩子是非常和善的。孩子也不知道他不是自己的亲生父亲,因为父亲对他太好了。当父亲在家的时候,孩子表现得更差,老师建议严加看管。这孩子没有一个朋友,因为他跟其他孩子处得不好。他总是飞扬跋扈,别的孩子都不喜欢他,他都是独自学习。

母亲上周发现包里少了钱,她认为是男孩偷的。孩子否认了偷钱的事,但母亲还是发现了。她不知道他为什么会偷钱。

这孩子喜欢跟人交换或者收集各种不同的东西,比如纸片、图片、铅笔……母亲叫他停止"交换",还答应每周给他一些零花钱,他高兴坏了。其他时候他还是很听话的,他很乐意帮助母亲,也挺会照顾自己。

母亲在说到他做梦的事情时,提到有一天他们在多瑙河上坐邮轮,他做了个跟现实几乎一样的梦,他梦到自己在被人找到之前,一直在往船边上走。他还梦到自己坐在烟囱上,很害怕会掉下来,当人们找到他的时候,他正紧抓着栏杆。他说他想成为船长或者飞行员。他还说过:"如果让我管理整条船的话该有多好。"

他很节约,母亲抱怨孩子撒谎和不合群,她惩罚孩子的方式通常是打屁股。

阿德勒博士(对母亲):孩子偷钱的事也没那么严重,你不应该跟他说这个。给他零花钱是对的,如果他知道他有一定的零花钱,他就会安心了。我个人建议不要再打他屁股了。孩子认为通过撒谎和吹嘘,就能得到他人的关注,成为大家关注的焦点。我建议你也改变一下方式,甚至彻底放弃惩罚。你还

第十一章 独生子想扮演的角色

应该让他考虑一下自己的未来,跟他谈谈当船长的梦想,用一种夸张调侃的语气来说,不用太严肃认真。让他自己去思考,让他变得独立。如果我是你,我就不会继续给他更多的照顾,他已经习惯了你总是在背后支持他。如果他喜欢体育,那就让他参与,这样他就可以跟其他孩子一起活动了。我要让他觉得自己不再是个小孩,这会让他更加自信。最近发生的这些事情,是因为他觉得自己被包围起来了。他希望能感觉到自己是重要的人物,希望自己能发挥重要的作用。

阿德勒博士(在母亲离开后,对周围人):这孩子喜欢扮演重要角色,但是他母亲不让。

阿德勒博士(对孩子):你的算术很厉害,长大以后你想做什么?

孩子:远洋轮船的船长,我要去德国汉堡。

阿德勒博士:那么你得从做个船员开始,你打算多大的时候去汉堡?

孩子:二十岁。

阿德勒博士:其实你可以在十五岁或者十六岁时就做到;与此同时,在你成为船长之前,你有很多东西需要学习。你为什么这么喜欢这个职业呢?你是不是曾经坐过船?你喜欢它什么?

孩子:我喜欢船长可以对身边的人发号施令。

阿德勒博士:那你现在在哪里对别人发号施令呢?你是不是在指挥母亲或者在学校指挥别人?

孩子:我确实是在指挥我身边的孩子们。

阿德勒博士:如果你想当船长,你必须明智地指挥大家,这样他们才会说你做得不错。但在学校里你并不是其他孩子的船长,所以你在那里发号施令是不合适的。我不明白你为什么喜欢在学校指挥其他同学,这种指挥可能会导致你没有什么朋友。其他孩子说得对:他们不是来学校听你发号施令的。你可以以后再指挥别人,现在你应该友好一些,交些朋友。船长对乘客也是很友好的,船长除了指挥别人,还必须了解其他事情,必须有朋友。如果其他人不喜欢他,或者讨厌他,就不会听他指挥了。你要学会对同学友好一些,发号施令是一种吹嘘。你喜欢交换东西,喜欢买东西,你喜欢去做重要的事情,你总是想让其他人觉得你就是一个船长,是吗?你还记得在你很小的时候发生且令你印象深刻的任何事吗?

孩子:有一次我看到人家把一个大钟挂到塔顶上,那时我大概三四岁。

阿德勒博士:你喜欢吗?

孩子:我喜欢看那些人是怎么把钟挂上去的。

阿德勒博士:你喜欢看,也在想你怎么才能到达高处吧?我希望你能交些朋友。你想去儿童中心吗?也许你母亲会让你学习体育,人是可以学习任何东西的。你可以在儿童中心上课,那也是一件很快乐的事。你准备怎么用你的零花钱?

孩子:如果有一天我需要什么,我就会去买。

阿德勒博士:你是不是害怕你哪天会缺什么,害怕自己可能会变穷?你知道,就算钱不能带来最重要的安全感,努力工作也是避免贫困的最好办法。好像你还喜欢吹牛?

孩子:是的。

阿德勒博士:你应该改掉这个习惯,想当船长的人是不会撒谎的。你的母亲和老师都很爱你,如果你学习好,成为一个好人,长大后你可以成为任何你想成为的人。如果你想当船长,那你现在就要打好基础。

一个月之后再回来,告诉我你有没有交到朋友,是不是不再在课堂上给老师惹事,还有没有在发号施令。

第十二章　失宠的老大

"我有两个男孩，分别是七岁和九岁。我还不能判断小儿子的表现，因为他才上一年级。"

这是两兄弟，我们知道每个孩子都是在不同家庭环境下成长的，我们不能假设他们都在完全相同的环境下长大。在这个案例中，哥哥有两年是独生子，在这种情况下，他是唯一的焦点，也被宠惯了，整个家庭都围着他转。然后突然来了第二个孩子，环境一下子全变了。老大根据之前的经验认为他可以像国王一样得到他想要的一切，可母亲的注意力转移到了老二身上，不再像老二出生之前有那么多时间照顾他了。让大一些的孩子准备好迎接弟弟妹妹是不容易的，所以我们应该会发现，老大还没准备好，他面临着艰难的测试。在这种时候，很多孩子都会嫉妒，拼命地吸引父母的注意力，想重回之前的有利地位。而老二在完全不一样的环境里成长：他永远都不是一个人。他有想跟随的人，甚至还可以赶得上。有一次，一个孩子跟我说："如果我难过，那是因为我永远都不能比哥哥大。"

第十二章 失宠的老大

弟弟出生后,哥哥会经历一场悲剧。如果说他一直害怕老二追上他,甚至超越他,而自己已经失去所有希望,那么我们就能明白,他的态度是由他先入为主的思维决定的,他的灵魂深处有一个根深蒂固的想法:"突然有个人出现了,他准备抢走我所有的东西。"

不同的孩子有不同的态度,主要取决于以下因素:首先,到这个节点时,孩子的生活风格已经发展到什么程度了,要改变这种风格的困难有多大;其次,小儿子的行为;再次,父母的行为;最后,父母给老大的心理铺垫程度,他们已经培养孩子的社会情感到何种程度。这些都是我们必须考虑的重要因素。

现在我们来看看这孩子是怎么成长的。

"在我看来,哥哥在学习方面比较慢。"

这是一种怀疑的态度。我们可以推断孩子认为自己没办法进步,他已经失去了勇气。他觉得自己无法在生活的有用方面取得成功,所以他的努力就表现在那些没用的方面。懒散意味着:"他给我带来麻烦,我得关注他。"通过一种扭曲的方式,他已经得到了自己想要的东西——更多的注意力,让别人在自己身上花更多的时间。学习懒散意味着没办法解决给定的任务,这是犹豫的态度。当你在考虑懒散小孩无意识的生活风格时,会发现他们的行为跟自信的孩子是不一样的。他们会经常跟你说:"我不认为我比其他孩子笨,我只是不感兴趣。"如果这男孩渴望成功,他就不会再懒散了。懒散代表着对自己的评价不高,也包含着追求认可的努力。懒散的孩子通常是关注的焦点,他们有自己的远大任务,那就是让身边的人更关注自己。在问及这类孩子的懒散风格时,他可能会回答说:"你看不出来吗?我是我们班最懒的孩子,但大家总是关注我,他们总是对我很友善。我隔壁的男孩比我努力,但是没人注意到他。"对这种回答我们不应该感到惊讶,毕竟他从懒散中获益了。

他只要努力表现好一点儿就会立刻受到表扬。如果他表现得不好,就会有人告诉他:"如果你不是那么懒,你会成为最好的一个。"一个懒散的小孩一想到自己可以成为最好的孩子,他所表现出来的那种满足程度会令人惊讶,他甚至都不愿意尝试去做。我们再次从小孩身上看到了某些人的心理状态:追求对生活中无用方面的认可。

"我们没有讲大道理,不管是用温和还是严厉的态度对他,目前都没有任何效果。"

这孩子不知道自己怎么了,他只是按照自己的生活风格来行事,就像掉入陷阱的人,故意做错事然后接受批评,这说明他只是想成为被关注的中心。有些孩子愿意挨打,因为这样他们就可以体验到惹怒父亲的成功喜悦。有些孩子甚至在被打屁股的时候会感到高兴,而这种兴奋可能和性相关。

"他只是答应他会努力学习而已。"

你在此看到的是:"我想做。"

"但事后他一点儿都没改进,报告中说,他很容易因为某些东西或者某些人而分心。"

他觉得无法通过学习来让大家赏识自己,所以他要走另一条道。

"除了功课,他对什么都感兴趣。为了让他更好地学习,

第十二章 失宠的老大

我叫他每天都向我汇报在学校学了些什么。"

我们再次看到他处于被关注的中心,每天晚上他都跟父亲交谈——跟上帝交谈。

"但是当我晚上回到家时,他却没有履行他的承诺。"

父亲还得提醒他。

"除非我直接问他,否则他也不会告诉我。然后他说:'我不知道。'"

我们知道他认为自己在学习方面不会得到认可。我们应该鼓励他,并告诉他如果肯下苦功,他也可以很出众,甚至是在学习方面。

"对他来说最难的科目是语法、算术和书法,这些都是他最讨厌的。"

也许他出现强烈的自卑感还有另一个原因——他是个左撇子。

查证这个原因很重要。我们要注意一点,凡是觉得算术很难的孩子大部分都是被娇惯的孩子,他们需要他人的协助。在其他科目中,多多少少会存在一些有用的协助,但在算术中,每个人都必须独立学习、独立思考。被娇惯的孩子通常对算术的准备都不充分。

"他极不乐意学习这一点证实了他对这些科目的厌恶,他似乎更喜欢自然历史。他还喜欢画画,但他也只是乱涂些漫画。很显然,他没有天赋。"

也许这孩子真的是左撇子!

"他可以长时间坐着或躺着,呆呆地看着上空。"

对于这些自我评价不佳的孩子而言,时间是最大的敌人。

这孩子找到了一个消磨时间的办法:"呆呆地看着上空。"

"尽管他有许多书,也已经开始读了好几本,但他没有看完过任何一本书。"

没有耐心就坚持不下去!没人对他有热忱,他不能老是期待从别人身上获得什么。

"他到处找玩具,然后无聊地玩一会儿就扔下不管了。

"这孩子的社会环境,或者更应该说,这两个孩子的社会环境,都不是很好,尽管他们并不需要忍饥挨饿。

"最让他们难过的事情,可能就是要在儿童之家度过白天。"

这是个冒险的猜测,我们想发掘真实的情况并给孩子一些鼓励。

"儿童之家的女园长特别仇视我们家老大,因为她是个狂热的宗教分子,而我们并不属于任何教会。她跟我说孩子撒谎、淘气、懒散,而这些都是因为他没有在教会的熏陶下长大。"

我们认为他是因为缺乏希望才形成这种态度的。只有受到鼓励,这个没有宗教信仰的孩子才能在教会的儿童之家取得进步。如果女园长说这孩子的态度是因为他没有在教会的熏陶下长大才形成的,看来她是没有真正理解这孩子的弱点。

父亲加了几句:"其实我自己都已经发现他这些坏毛病了,但是小儿子没啥缺点,大家都夸他,他们唯一批评的就是老大。"

以上种种都说明老大被弟弟的光彩掩盖了。

老大误入歧途,而老幺走在正轨上,这是概率事件吗?当然不是。哥哥认为是弟弟的到来把他从之前的愉快环境中驱逐

第十二章 失宠的老大

出去了。每当他失去更多的友谊和爱时,他就会更加沮丧。而目前正处在胜利阶段的弟弟,深知自己身处愉悦的环境,所以他不需要吃力地去吸引注意力。

第十三章 撒谎：一种获得认可的方法

趁此机会我想向各位介绍一个问题儿童的案例，这孩子的母亲对我们的观点有所了解。你们将会看到她是如何面对问题的，她的理解程度有多深，以及她是如何与我们合作的——尽管她也知道这对她来说并不简单。

"我的儿子菲利普九岁，他就是人们所说的问题儿童。"

这可能意味着他给母亲惹事，带来很多麻烦，他表现出来的行为与社会情感不相融。如果社会情感无法拯救这种困境，我们就没有必要绞尽脑汁地教育孩子了。

如果母亲告诉我们"他容易紧张"，这不代表什么。总的来说，当人们用这个词的时候，他们是想说孩子很顽皮，很难对付。我想提醒各位注意一件事，神经症最关键的一点是特别敏感。这种敏感不一定体现在敏感本身，也可能体现在它所带来的后果中。我们现在面临的问题是后者，我们应该会看到，在这孩子身上，敏感的后果出现了，这是因为他想要变得更加重要。在美国（受个体心理学影响）这被称为"优越情结"，

第十三章 撒谎：一种获得认可的方法

现在影响已经发展到了第二阶段"自卑情结"，亦即自卑感。过度敏感是在这两者之间徘徊的，一个非常敏感的孩子会将其处境视为一种失败。所以，他会试着逃脱，他会寻找补偿，并生出优越感。

"他真的太顽皮了。"

这证实了一点，在他的环境中，他找不到可以停下休息的时刻。

"他什么都不学。"

这里有点儿混乱，我们要用另一种思维去理解这一情况：孩子认为自己无法胜任学校的要求，因此他不再努力学习了。

"但他并不笨，有时他的判断很准确，常常令人意外。"

这是很好理解的，我们猜测这孩子只是在面对学校的要求时力不从心，其实他是有能力解决问题的。就目前的情况来看，他应该不是特别勇敢的孩子。这类孩子对他人的兴趣很少，但很关注自己。

"外面街上发生什么事他都知道。"

恐怕很多现代心理学家都会忽略这一点，我们有理由猜测这孩子对视觉上的东西很感兴趣，这就解释了很多问题。如果他的兴趣仅在视觉上，那么课堂上有演示时，他就会比较得心应手。而不喜欢听讲，也正是这个原因会给他带来很多挫败感。我们还要注意一点，有些孩子会率先满足自己的视觉倾向，他也是其中之一。那么现在我们来思考一下：如果某些人只是喜欢观察事物而不进行下一步行动，他们会怎样？你会发现他们做不了什么有用的事情，在社会情感方面也没什么表现。你会想到绘画，或者是他们对视觉世界的理解更为深刻。

当有人是如此重视生活的这方面时,问题就不简单了。实际上,在这些情况下,他们就不会再对任何其他生存必需的事物感兴趣,个体便无法往这个方向发展。这孩子一直都没有做好上学的准备,这不是他的错;但是他对所有视觉的东西感兴趣,对所有外在的形态感兴趣。如果我们的猜测是对的,哪怕在对他的生活描述并不齐全的情况下,我们也有希望找到证据来证明我们的猜测。

"他记得大人说的每句话。"

你们要注意:这表示他对成年人世界的一切都感兴趣。在此我们清晰地看到他对获得认可的追求——他也希望长大。

"他还能准确地复述这些话,说话的具体时间也记得很准。"

我们开始搜集到这个九岁男孩生活风格方面的某些信息,但我们仍然缺少能对这种类型下定义的证据。

"但他很怯懦。"

这对我们来说不新奇。

"他什么都害怕,只要感到有危险他就会跑开。"

他完全没有自信,我们猜测母亲在这件事上有很大的影响。他不独立,不会尝试自己解决问题,甚至不打算面对问题,因为一直以来母亲都在背后支持他。在这一点上,我们可以比其他心理学派更好地说明这个问题——他是个被娇惯的孩子。这种孩子往往会成为问题儿童、神经症患者、有自杀倾向的人、酗酒的人、罪犯和性变态者。这点很重要,我要多说几句,并给我们所谓的"被娇惯的儿童"下定义(母亲们经常说:"我有时候会打孩子屁股。"她们以为只要这

第十三章 撒谎：一种获得认可的方法

么说,就可以洗脱溺爱孩子的嫌疑了）。坦白说,这个词并不意味着性依恋。被娇惯的孩子是他们的独立功能被消解了,其他人代他发言,替他分析危险情况,从中保护他。简而言之,这孩子是由其他人牵着走的。他有一个人可以随意支配他的生活。这种儿童有寄生的迹象：他想在母亲的帮助下获得他想要的一切。

"他很清楚怯懦是不光彩的事情,现在他开始编造拙劣的谎言。"

他逼着自己成为一个光彩夺目的人,他想得到认可,受到尊重,我们能猜到他都撒些什么样的谎。我们知道他喜欢听大人说话,毫无疑问,他会在谎言里扮演一个英雄。

"比如,他说：'我在英格兰,我站在一个地方,看见墙角有一只老虎。'"

这个谎言本身就很夸张,但我特别感兴趣的是,他不仅仅是看见,而是"看到墙角"——这真是精细,不是每个人都做得到的。我们从中了解到更多：他的兴趣非常突出,他急于战胜困难,而且是别人无法克服的困难。对于这种案例,我们通常应对的孩子都是视觉有障碍的。如果我现在告诉各位,这孩子是斜视眼,你就会明白为什么他会对所有视觉事物感兴趣了,就像现代语法所定义的那样,事物会变得"极为逼真"。这种斜视眼孩子急于在视觉世界里继续卖弄他的表演,但是在叙述"看到墙角"时,他出卖了自己。

"有一次我回家,门是开着的,没人敢进去,因为壁橱里有个小偷,我抄起小斧头杀了他。"

他再次"看到"了什么,他完成了一项英雄壮举。他母亲准确地描述说：

"他总是想扮演英雄，想成为人人敬仰的人，成为能够完成任何事情的人。如果他说'今天在学校除了我谁都学不到东西'，我敢肯定学校一定发生了什么糟糕的事情，一般也都会得到证实。"

我想再说明一下他的补偿方式，尽管已十分明显：他似乎要在幻想中得到补偿，又在幻想中让所有东西变成虚空，却并不积极去弥补。这是另一个我们之前讨论过的例子：他很怯懦，习惯了母亲的帮助，母亲会为他做所有事情。

"我了解他，我知道他想做个好学生，做一个勇敢的男孩，我知道他撒谎只是为了加强他的人格。"

此时，我相信各位已经发现了这是个体心理学的观点。

"我不惩罚他。"

我们完全同意母亲的看法。这个对自己的学识和能力都感到绝望的孩子，每当他必须完成一件事的时候，他总是像处在深渊的边缘，每次都有很好的理由撤退，这样的孩子不应该受到惩罚。我们已经知道该做什么了，我们应该一直帮助他，直到他找回勇气，让他明白自己也是可以解决问题的。只要他敢于向前看，他也是可以好好成长的。一旦他的目标是在生活无用的方面获得认可，一再逃避向生活有用方面努力这一课题，那他将一事无成，他会用尽一切办法来证明生活的有用方面与他毫不相干。我们深谙为什么这种孩子不应该受到惩罚，对于他来说，惩罚只是证实了他的无能，他会找到其他方式来逃避惩罚，同时也会从深渊边缘撤退。

"我爱这个孩子。"

第十三章 撒谎：一种获得认可的方法

这是我们一直缺乏的证明，它证实了母亲的确娇惯孩子。

"我全身心地爱他，但他却撒谎。他越来越喜欢撒谎，他很害怕有一天自己的谎言会被揭穿。"

由此我们看到了希望的迹象。也许有一天，他会出于恐惧停止撒谎，改说真话。但是在这个案例中，他追求优越感的目标又如何了呢？这是否就是孩子能得出的唯一结论？不，还有另外一种结论：他能巧妙和娴熟地编造谎言，他希望永远没有人能发现。这肯定是他的方法，再没有其他方法了，因为他不可能完全失去他的人格。他是为了表现一些东西才开始撒谎的，因此，我们知道他不会放弃撒谎，他不会冒险成为大家眼中没有存在感的人。实际上，他会继续编造更精巧的谎言。

"我丈夫说我太宠他了。"

我们经常会遇到这种情况。当我们费尽心思，终于找到研究对象的生活风格时，却发现在研究对象的环境中，早就有人揭示了这种生活风格。这有没有提醒你们一点：看看我们在心理学上的对手的行为，他们坚持自己说了同样的话，并且相信一旦说了，他们就会取得成果。确实，这孩子是被宠坏了。但他自己明白个中联系吗？即使他知道每个孩子都在努力获得认可，他能分析出它是如何在孩子身上形成的吗？仅仅道出孩子被娇惯了并不意味着事情就已完成。人们不知道该怎么看待"娇惯"这个词。母亲说："我怎么能不宠他呢？"这话是对的。只要母亲本人还没有像我们一样理解本案例中的背景，这个问题就有意义。

"……我丈夫说，这就是孩子这么不稳定、爱撒谎的原因，而且他认为正因为我父亲娶了自己的表妹，所以这孩子的

'脑子有问题'。"

我们发现了外祖父母之间的血缘关系。仅仅像父亲那样责怪都是大人娇惯孩子导致出了问题,是于事无补的,不对吗?父亲本人并不相信这一点,他正在寻找另一个更有说服力的原因。他把孩子的反复无常归因于祖辈之间的血缘关系。这时科学偏向了父亲这边,他因此认为母亲应该对孩子的问题负全责,他自己也完美地逃过了苛责。

"那段近亲婚姻是我生命中的诅咒。我丈夫老是对我提起这事。其实在其他的家庭中也一样,某个孩子会比另外几个孩子难对付一些,但我丈夫还是坚持近亲婚姻该对此负责。我还得向他证明不是这样的,我必须让孩子成就点儿什么。其实孩子不是那么坏;相反,他心地是很好的。"

孩子的善良很可能是他怯懦的一部分,由此你们可以看到,没有人能将生活风格中的任何一种因素独立出来看,事物都有多面性,在这一点上,我们是完全正确的。善良也能表达消极的东西:"美丽变成丑陋,丑陋变成美丽。"没人能明白人类内心世界的复杂,除非他先熟知了这个人的生活风格。

"他甚至只是为了讨好别人而把自己的东西分给其他孩子。"

你们可从中发现这种善良带有自人的痕迹,他想贿赂其他孩子,让他们宠爱自己。

"他把自己喜欢的东西分给别人,尽管父亲对他不好,他还是爱父亲。"

我想补充一下,这孩子已经在一个方面表现出某种复杂性了:他已经到了一定的阶段,他不仅要母亲的关爱,还想要别

第十三章 撒谎：一种获得认可的方法

人的关爱。就像我们之前提到的，他想有人保护他，他想得到他人的赏识和钦佩，这也是他撒谎的目的。

"比如，他和父亲出门这事对他来说是件大事。我在征询你的建议，我应该严厉吗？我不认为严厉就会有成效。他会哭闹，会答应所有的事情，但十分钟之后就忘得一干二净。"

母亲也试过变得严厉，但显然没有效果，因为唯一的解决方法就是让他明白自己为了造就生活风格所犯下的错误。从实际操作来说，就是尽量促使他变得独立自主，唤醒他的自信。只要做不到这一点，任何严厉或和善都不管用，不过我们还是建议要和善地对待孩子。这孩子还没做好心理准备，如果有人还没做好准备，我们便要求过多，其实是很残酷的事情。面对动物，我们总是会预测它们可以做什么，不会过多要求，也不会强迫它们，然而面对人类，我们却不关心这些因素了。想一想学校在这方面的重要性：学校会根据孩子的准备程度来安排他上几年级，也就是说，学校基本上依据他的准备程度而不是他的天赋，据此"把他们放在同一条船上"。

"他不得不撒谎，因为他越来越迷失在自己的谎言中。"

其实母亲没有表达清楚，她的意思是说他找不到其他方法来使自己获得赏识。

她来征询建议，我给她的建议与我之前跟你们简单提到的建议一致。

但报告里也许还有更重要的信息。

"他最近又开始撒谎的时候，我就把它们当成笑话，笑着跟他解释为什么他在撒谎。"

在这个"为什么"中，你们会明白我给母亲的暗示。

"于是菲利普承认了自己撒谎,接着他变得很尴尬,然后开始大笑。"

孩子深刻地意识到他的谎言只是谎言,他还是有自知之明的。我们打算做个测试,为那些声称已经在有意识和无意识之间找到不同之处的专家做测试,他们认为邪恶的本能存在于无意识之中,通过一种隐藏的方式渗透进意识中。这些谎言意味着什么?如果我们理解意识并接受谎言不仅仅是谎言的说法,那么我们就会明白,谎言是一种获得关注的方式。观察这孩子的无意识,我们会发现其实他正活在深深的自卑感中,这种自卑感正在寻求宣泄。基于自卑感,他才会去追求被认同,与我们在意识中的发现并无二致。

"当然,我犯了错。最近菲利普叫父亲带他去公墓,他要交一篇学校布置的作文。我丈夫拒绝了,我家保姆跟他去了。第二天他写的作文非常好,但就是没一个字是真话。"

我想顺便指出一点,作文也不一定非得是真实的,但如果母亲发现在他的作文中和他的谎言中有相同的行为模式,那么她的理解就是正确的。

"他详细地叙述了怎么与父亲去到墓地的,父亲是怎么哭的,他在最后写道:'我没哭,男人不哭。'"

他超过了父亲,尽管只是在他的想象中,母亲非常明白这一点。

"就这样,他轻松地打败了父亲,突显了自己的重要性。当代人有谁不记得所谓的俄狄浦斯情结?现在的问题是:这孩子在他的潜意识中有没有俄狄浦斯情结?这是不是他超越自己的父亲,让他在墓地里哭的原因?抑或是他努力让自己变成

第十三章 撒谎：一种获得认可的方法

重要人物，超越与自己对抗的父亲？这是不是由俄狄浦斯情结衍生的不成熟性观念，而这也在他的意识当中？这是一个映射问题。但是作为个体心理学家，我们不会质疑。我们发现他的追求方向是自下而上的，贯穿他整个生命，也包括性功能的发育。

"但是他的作文写得很好，老师也表扬了菲利普。放学之后，他还为我读了作文。我不愿意揭发他，我没说什么，假装不关心他的作文。"

这就总结了这份关于问题男孩的报告。我们认为他属于非常常见的类型：靠撒谎来突显自己的重要性。这种追求出于孩子的渺小，在孩提时代非常常见。我们再来回顾一下这孩子的基本情况：母亲娇惯他，父亲把他摆在第二位，他从母亲那里获得的价值在家庭以外没有任何意义。我们知道，有斜视的孩子都特别不受欢迎。他们很快就意识到了这一点，认为整个世界都对自己有敌意。孩子在很小的时候就意识到这种排斥，还意识到外面的世界与跟母亲在一起的世界是不一样的。他的想法很正常，所以他的反应就是战斗。没人能逃脱对优越感的追求，他必须找到可以开展行动的方向，那就是吹嘘撒谎。当然他还有其他方式，但在所有方式中，你们都可以看到他努力摆脱自卑的痕迹（例如，当大人威胁要惩罚他时，他会扭曲事实），狡猾地寻回自我重要性，然后再犯。在其他的谎言、吹嘘中，我们总是能找到他想变得更重要的种种迹象，他想通过幻想来逃避，就好像他想踮起脚尖。你们现在明白了为什么严厉的惩罚对这种行为是无益的，因为他的行为是出于现实需要。只有向孩子解释清楚事情的逻辑，才是有效的办法："你不需要逃避,你不需要用撒谎来掩盖,你不需要吹嘘。如果你真的想做点儿什么,可以做一些有用的事来实现目标,获得他人的认可,那么你就不用再傻傻地耍什么伎俩了。"

第十四章 "幻想中的英雄"
——替代现实的角色

我们准备讨论一个由老师报告的二年级男孩的案例,这孩子九岁,行为过激。

报告中没有明确表示这孩子是否是九岁时第一次上二年级,一般来说九岁的孩子应该上三年级了。

"刚开始上学时,他还只是乱涂乱写,后来才慢慢地学会写字。"

我们要记住,他举止粗鲁。也许他有一种角斗士的气质,他很可能属于那种英雄主义至上的人,崇尚"荣誉准则"。为什么写字对他来说这么难呢?我们大致认为他是左撇子,但是这一点尚未能确定。

"他的弱项是算术。"

同样地,这里我们还没有获得足够有力的分析资料。也许他是个被娇惯的孩子,在算术方面有问题是因为学习时这个科目不能依赖其他支持,而学习其他科目的规则却可以靠背诵。在学算术的时候,靠记忆是没用的,除了乘法表。被娇惯的孩子从来不想独立完成任何事情,我们不难发现很多觉得算术困难的学生都是被娇惯的孩子。如果我们能在统计上证实这一点,那么人们对"算术天才"的信念就会坍塌。

"他正在补习这门课。"

这是对被宠坏的补偿。

"他很喜欢这些补习班。"

我们不知道原因是什么。也许是因为老师很和善,也许是因为孩子认为这些课上有他需要的课堂练习,也就是说,他需要被宠着。

"他喜欢大家对他保持特别的关注。"

首先这证实了这孩子想被宠着。其他证据如下:

"穿衣服时,他会寻求帮助。每天都有人接送他上下学,他从来不自己上下学。如今他已经到了一定的年龄,身体也发育得不错。他的头发是红色的。"

众所周知,红头发的孩子会受到嘲笑,对他们来说这是很难过的。男孩受到的嘲笑比女孩多,因为大家认为女孩子的红头发是美丽的标志,相反,红头发的男孩特别不受欢迎。这种观念很陈旧,对红发男孩造成了很大的伤害。我们常常发现红发男孩会有一些小小的失败,这是我从不同渠道得到证实的现象,但都不是什么本质上的严重失败。有人觉得,这些红发男孩在今后的人生中会不顾一切战胜困难。虽然在外面受到嘲笑不是令人愉快的事情,但在家里却是另一回事,在家里时自卑感没有那么明显。

"如果他不认真做事,母亲就会责怪他,他会变得十分恼火。"

这意味着他已经在自己和母亲之间建立了一种感情，那就是他必须依赖母亲。他通过愤怒的方式来建立感情，或者通过打屁股的方式来建立感情。这种情况经常发生，对于被娇惯的孩子来说，总有一天娇惯会停止，因此在他们长大的时候，他们会不自觉地因为情况的加剧而感到有威胁。

"如果他受到表扬，他就会鼓励自己，一切都会好起来的。"

这表明他并没有完全气馁。

"他已经开始学习正常说话和走路了。"

就此我们总结，他并没有任何身体上的问题。

"自从十八个月大开始，他就有愤怒的迹象。"

如果这种观察是正确的，我们必须记住这一点，我个人甚至可以在孩子只有六个月大时便可确认这种迹象。他从小就喝牛奶，发育得很好，在这方面没有发现任何问题。当他六个月大时，我们观察到以下特别之处：如果被吵醒，他就会呜咽。这时如果把奶瓶拿来给他，他就开始吸奶，表现很好。但如果没拿奶瓶过来，他就大声哭闹，这就是愤怒的表现，家里人还没习惯每次去照看宝宝时都带着奶瓶。

"刚上学时他似乎很抑郁。"

我们已经非常清楚这一点：他在找一个可以宠着他的地方，他想成为大家关注的中心，想掌控一切。他在学校没有这个机会，因此，这种孩子的言行举止都很沮丧，这是被娇惯孩子的标志。借助个体心理学，老师可以很轻松地感知孩子的情况，并以此为基础（当然不是说就不需要证实了）去做一些必要的修正。

"他的想象力很丰富。"

由此我们得出结论,他不能接受这么压抑的现实。他自己建立了一个幻想王国,在这个王国里他感到轻松自在。他在这里找到了宁静,他有无上的权力,可以满足他发号施令的欲望。在这个世界里,他可以想象征服的感觉,想象取得胜利的战争,想象自己拥有巨大的财富,他可以用这笔财富来赏赐他人,或者拯救他人。这类孩子有时会把自己看作举足轻重的救世主。在他们的幻想中,他们抓获逃跑的马,拯救了国王或者国王的女儿,还跳进水里救起了公主,当然,被救的人都会十分感激。当他们又回到现实时,就会感到很沮丧。

"他的脑子里满是印第安人和强盗的故事。"

在幻想中他是个英雄。你可能认为这孩子很懦弱,其实他这是在尝试弥补自己的不足。

"他时刻准备与看不见、摸不着的敌人做斗争。"

幻想也可以被合理地利用:这孩子可以通过心理训练来战胜懦弱。有些孩子肯定是通过这种方式至少部分地减轻了他们的懦弱。

"有时他的幻想会跟他一起逃离,他会告诉母亲在学校发生的幻想事件,最后他会说:'妈妈,你瞧,这也没真正发生。是我编的。'"

从上面的对话,我们再次发现他拥有些许社会情感,他不想被认为是个撒谎的人。他在自己能力范围内控制着现实。如果他做不到的话,那就成了神经症的谎言。就算孩子们在玩这种游戏时变得非常兴奋,他们还是知道自己实际上是在撒谎的。这孩子幻想和叙述的内容,证明了他想要踮起脚尖,变得比现实中的自己更高大。由此我可以总结出他有自卑感,这与我们的论断相吻合:他是个被娇惯的孩子。

"母亲说他幼年时身体很差,四个月大的时候有肠绞痛,之后是淋巴结核,肺功能也不好。"

我们不适合对此做出评估,也不能说母亲对孩子身体有多虚弱的判断是否正确。让我们更感兴趣的是,考虑到他身体不好,母亲应该在抚养他时给予他特别的照顾和爱。她肯定是让孩子对她养成了极端的依赖。

"她说,对身体不好的孩子肯定是要悉心照顾的。"

她用另一种方式表达了我们刚刚陈述的观点。

"他害怕黑暗。"

我们在此找到了被娇惯孩子的迹象。害怕黑暗表示:必须有人陪着我。

"他笨手笨脚的。"

这再次引起我们的怀疑,也许他是个左撇子。

"姐姐比他大八岁,给他的笨手笨脚做了坏榜样。"

我们知道了他有一个比他大八岁的姐姐,我们猜测她不会像个姐姐一样对他,而是像母亲或者阿姨。他不太可能把姐姐当成竞争对手,因此这孩子就像独生子一样长大。

"姐姐干预他的言行举止,批评他,还责骂他。"

她就像一个严厉的母亲,有人可能会说,像个后妈。

"他很有攻击性……"

他知道母亲在背后支持他、保护他。

"……特别是对那些比他强大的人。"

这条信息有点儿让人吃惊,我不认为这种说法完全正确。

如果这只说对了一部分，那么这孩子就不是完全沮丧的：他认为自己有能力做些事情。但这仍然不是英雄主义，因为那些强大的人（像他姐姐）也许是家庭成员，也可能是他攻击的老师。在我们看来老师强大，但对这孩子来说却不一定，他可能感觉到老师是为了他而存在的。

"他常常因为红头发受到嘲笑，这使他很生气。"

就像我们看到的那样，他是个被娇惯的孩子，姐姐犯的错和他的红头发常常使他感到愤怒。我们也可以不停地招惹一只动物直到它愤怒，在这孩子身上也是一样的道理。

"他睡觉时说梦话，睡觉总是不踏实。"

我们总是能在被娇惯的孩子身上发现这些特征。

"他做作业的时候，总是焦躁不安。"

如果我们要解释这一点，那就是他的功课让他精神紧张，这种紧张感就体现在他的焦躁不安中。

"他喜欢拌嘴。"

我们可理解为：他处于慢性恼怒的状态。

"但他也很有同情心。"

这并不矛盾。就算他没法战胜敌人，难道他就不能同情不幸的人吗？认为此处自相矛盾的人信奉矛盾理论，而我们认为相同的生活风格在不同的环境下也会有不同的表现。

"有一天姐姐的头受伤了，他看上去很心疼。"

在那个时刻，姐姐是一个被征服了的敌人。我们也认为他尚有部分社会情感，他有能力在适当的场合表现出人道主义。

"他很在乎能否准时到学校。"

我不敢在获得更多信息之前对此做出结论。如果要将其

第十四章 "幻想中的英雄"——替代现实的角色

与我们已得知的信息联系,那就是:他正在试着领先一步,他想展示学校的重要性。这与他积极补课相对应,他也没那么沮丧,他想在某天成为胜利者。

"母亲自己很容易紧张,容易失去耐心。"

对于一个处于慢性恼怒状态的孩子来说,这是新的困难,现在我们能明白为什么他会经常变得狂躁了。

"白天父亲在剧院当电工,母亲管理整个家庭。"

他也向最强大的人挑战。

"母亲长得很高大,脾气暴躁,总是一副自己很重要的样子,姐姐也是一个样。在整个抚养孩子的过程中,她们不停地批评他。"

这就更为他的攻击性打下了基础,母亲的挑衅让孩子更加恼火。

"父亲对他很好。"

孩子更愿意与父亲结成同盟,在我看来很正常,他进入了第二阶段。在他生命的第一阶段,他显然跟母亲更亲近,因为他的身体不好,母亲肯定会照料、娇惯他,而到第二阶段他很可能无力继续维持他们之间的亲密关系。

"如果他想要什么却得不到,他就开始哭闹,直到得到满足。"

他很倔,也知道掉眼泪能帮助他。我们在很多孩子和成年人身上都发现了这种特点,他们觉得眼泪就是无敌的武器。有些人是不能忍受别人哭泣的,他们要么满足哭泣者的需要,要么流露出极端烦躁的表现,两者之中必有其一能满足哭闹的人。

"母亲说：'我对他很严厉，但我丈夫总是由着他。'"

我们明白这不是正确的方法，因为这个已经黏上父亲的孩子会把母亲推得更远。如果父母能达成一致最好，这样双方都能满意，他们应该互相帮助。

"我不会一直由着他。"

这就证实了我们已经了解的情况。

"弟弟和姐姐经常吵架。姐姐也有犯错的时候，她总是激怒他，但是弟弟总认为自己是对的，他很专横。"

此外，他是老幺，所以他就运用这个特权执拗地要超过其他人。如果出现了任何障碍，他就会用简单的办法绕过。老幺总是会找到办法来确保对别人的指挥，不管结果是更好还是更坏。

"孩子想跟父亲一样当个电工。"

父亲就代表了他在理想中追求优越感的某个阶段，想成为跟父亲一样的人表明他对父亲的敬仰，他相信父亲的职业很崇高。

"但他也想当个猎人。"

从他想扮演英雄这一倾向，我们不难理解这一点，但他最后不会是真的英雄，他想伤害那些没有戒备的动物，这可不是真正的英雄会做的事情。

"他最喜欢的玩具是枪炮，他没有朋友。"

我们在此发现了被娇惯孩子的特征，他没法跟其他孩子建立友谊，他由着性子试图掌控一切的倾向毁掉了一切。

"他跟谁都处不好，他很令人扫兴。"

他没有一点儿自信，就算在游戏里成了领导也没信心，他喜欢扫大家的兴。

"他的幻想总是跟现实中的某些东西联系在一起。"

这是个模糊的信息,因为所有的幻想都是如此,没人能造出完全脱离现实的东西。

"最近他总想去森林。"

他也许是森林的主人,有枪炮武装自己(动物没有任何武器)。

"他在镜子前扮演自己喜欢的英雄角色。"

这暗示着他今后也有可能成为一个演员,这可能已经成了习惯模式。在职业生涯的开端,每个演员可能都想扮演英雄,女孩似乎就想扮演像圣女贞德这样的角色,而不是扮演一个滑稽的老女人。

"他在镜子面前挥舞着木剑。表演完之后,他心满意足地说:'我摧毁了一切。'"

这是很多孩子的特征。他们培养自己某一方面的天赋,设定某一种场景,就好像他们真的成了英雄,觉得自己就是他们想要成为的人。每个人都可以这么做,当现实阻碍了前进的道路时,或者当某人在追求优越感遭遇阻碍时,它就会显现出来。在这个孩子的案例中,阻力显而易见:他受姐姐的困扰,被妈妈批评,在外面又因为红头发而遭人嘲笑,在学校也不能引起关注。让我们来讨论一下这个问题:假设你今年九岁,你在家或在外面都不招人喜欢,而你又是家里最小的孩子,你会怎么做?只有一种可能性:在幻想中逃避现实,在幻想中成就现实世界里无法做到的事情。但是请记住:这种行为并不合理。让成年人,特别是老师来判断的话,他们都会反对:这孩子应该在学校更努力一点。但是，我们并不能确定他没有努力。也许他确实努力了，却没有成效。我们可以理解，对于这孩子来说，在学校取得好成绩是不容易的，原因就在于他可能是个左撇子，只不过自己不知道，这就意味着他正在跟真实存在的困难做斗争。他对待生活的方式是被娇惯的风格，他根据这种风格行事。了解到这一点之后，我们可以断言：他的言行举动堪称聪明完美，他的所作所为没有任何过错，之所以这么说是因为我们可以分辨他的类型。如果我处在这孩子的位置，我也会遇到一模一样的问题，或许我也会以同样的方式来应对。这就证明这孩子既不是弱智，也没有犯错，他只是处在困境当中，却找不到出路。

那么治疗可以在不同的条件下取得成效，比如说，要想让孩子变成好学生，也许可以通过补课的方式来实现。如果想阻止母亲和姐姐继续对他发号施令（至少是一小段时间），就需要让她们明白，她们已经伤害了孩子，她们应该帮助这孩子，那么他一定会取得进步。我们应该以友好的方式跟她们解释，否则就会有危险——这两个激进的女人可能会一起反抗咨询师。最重要的事情是要建立孩子的自信心，鼓励他。就算不是教育学或者心理学方面的专家也是可以鼓励他人的，但这并非易事。这孩子已经陷入了困境，他坚信只有在幻想的世界里才能扮演重要角色。如果我们能给他找到一个欣赏他的好品质的朋友，我们就能事半功倍。

利用个体心理学进行治疗是唯一切实可行的方法。我们必须引导孩子注意到已发生的事情。我们必须向他说明一点，总想吸引所有人关注的人总是最后受伤害的人，他应该在生活的有用方面找到满足感。比如说,他应该跟大家一起玩游戏,而不是扫大家的兴。我们要跟他说明,在人群中总是存在着很多不公平,有人总是想找到压制别人的方法。这种情况比比皆是,屡见不鲜,就像某个国家想压制另一个国家,某个家庭认为自己比其他家庭更优秀,为了找到攻击点,总会有人强调某些事情,但这种情况只有在另一方也参与时才会发生。我们必须让这孩子明白,他不应该让自己成为众矢之的。生活的其他方面也是一样:如果有人显得很烦恼,那么攻击者就会变本加厉。孩子应该明白自己受到攻击是因为他的红头发,而这种攻击的理由只能证明攻击者的愚蠢。

我曾有机会与一些受压抑的种族交谈,包括黑人和犹太人。我提醒他们注意这一点:人们通常会贬低邻居,每个人都想拥有一种廉价的优越感。大家都知道,法国人认为自己比德国人优越,而德国人则认为自己是天选的民族。周游世界的人会发现,每个地方的人都大同小异,他们总是或多或少地想贬低他人。在中产阶级和无产阶级之间,情况也是一样的。有哪个人从来没有感受过对他人的嫉妒呢?如果有人因为国籍、宗教、头发颜色而贬低我们,我们为什么要严肃对待?这只是一般倾向的具体化表现———一般性强迫神经症的具体化表现。

既然人类决定继续向前发展文明,我们就应该将这些敌对倾向视为人类普遍错误态度的表现,而非具体症状。

我们要让这孩子明白,有人竟然会为了他头发的颜色而攻击他!这是人类自身存在的问题,有些人一直在搜索攻击对象,而他则被设定为攻击的目标,如果他能明白的话,他就会哈哈一笑,这样就不会再有人攻击他了。如果我们可以用个体心理学的方法来治疗他，我们就能成功地鼓励他，甚至让他知道自己其实有能力学好算术。还有很多例子，我自己也经历过这个痛苦的过程，大家都以为我完全没办法学好算术。我留过级，然后我突然成了数学最好的学生。如果我父亲当时采纳了其他人的建议，他就会让我退学，让我学习干体力活儿。也许我会成为一个优秀的锁匠，同时，可能我还得强迫自己相信：有些人天生算术就好，有些人却不是。因为我自己也经历过这样的泥沼，所以我完全有把握地说：我再也不相信这是真的。

第十五章　惹是生非的孩子

有两个学生G和S前来咨询，他们的案例很普通。他们更像惹是生非的孩子，用尽一切办法来引起大家的注意，老师不得不与他们展开无谓的、恼人的战争。

首先我要介绍的是一个八岁的孩子，另一个七岁。两个人都读二年级，其中一个留级一次。他们去年在同一个班，但是老师要把他们分开坐，因为他们在一起会让整个班都没法上课。其实他们都不来上课的话，对老师和班级来说会更好。不过老师选择将他们分开坐，这样才能勉强忍受他们。

这两个男孩之所以是问题孩子的原因不太相同。据母亲说，G是酒鬼的儿子，他父亲是个卡车司机；十七岁的大哥同样是司机；第二个哥哥十六岁，骑车为面包店跑腿；第三个哥哥十四岁，是面包店的学徒；家里还有一个五岁的老幺。G早上去上学，下午去儿童之家。他所有的业余时间都耗在马厩里，或者是和卡车司机们混在一起。母亲也得工作，在儿子打工的那家面包店上班。白天她见不到G，因为面包店不允许孩子去见母亲，一会儿也不行（可能是因为面包师害怕他在店里惹事）。这个家总是吵吵闹闹，母亲意识到孩子犯的错，至少能意识到一些，但是她不能教育他，因为他是父亲最偏爱的孩子，父亲会为了他跟所有人作对。在这个家里，主要教育方式就是承诺给予金钱上的奖赏。放假时，家里人会喝酒，留声机里播放着最庸俗的流行歌，这些歌曲是G满怀激情地挑选出来的。G似乎有时也会跟着去酒吧，他在酒吧喝含酒精的饮料。但是这很难确定，因为这孩子的叙述中夹杂着强大的想象力；另一方面，父母否认他有这方面的行为。当父母都去电影院看电影时，G会得到零花钱去酒馆买法兰克福香肠——当我发现他口袋里有钱的时候，他是这么解释的。

他的天资不如一般人，学习也不努力。他很少交作业，就算忘了带作业本也不着急。在学校，他唯一自愿学习的科目是绘画，有时候是书法，但他真正感兴趣的似乎是马。在上学期间或学前班的时候，他从没有生过大病。他总是被小事所吸引，我们没办法确定他是故意撒谎，还是说他撒谎仅仅是为了表达他幻想出来的东西。比如，他会说跟父亲去了酒馆或别的地方，或者晚上跟阿姨在一起，但事实是那段时间他都待在家里；又或者他会说在乡下看到农民在挖马铃薯，其实这只是因为另一个孩子告诉过他这样的事情。他完全没有批判意识。他的家庭作业总是乱七八糟的，在做决定的时候很容易受到外界干扰，不过也能很快下定决心。

他在学校用尽一切办法吸引大家的注意，课间休息的时候会大喊大叫，跟人吵架，有时候上课也一样。他打同学，也承认是故意打他们的。他对训斥毫不在意。如果叫他做件特别的

第十五章 惹是生非的孩子

事情，他就趁机吵架或者玩些愚笨的小伎俩。他常常撕破同学的衣服，自己的衣服就算是全新的，他也一样不爱惜。曾有一段时间，他因为身上弄得太脏了必须在学校洗澡。他在课上唱歌，其他同学只要一发言，他就会大声说话，扰乱课堂秩序。他故意把正确的答案说成是错误的，老师点名让同学回答问题时，他就打那个同学。他捉弄老师，如果老师说"我知道这是谁干的"，他就大喊着说"你才不知道"。他在外面还模仿老师。他对人和动物都很残忍。

尽管他并不是真的偷东西，但他把自己发现的东西藏起来。让他跟S在同一个班上课是不可能的，学校已经试过了。当老师让他们单独在办公室写作业时，或者当老师要到另一个班上课时，会把他们也带上，他们就会很认真，因为这个班对他们毫无响应，又或者是他们不熟悉这个班的学生。不管是哪种情况，把他们分开时他们表现会好一些，这样他们就无法互相影响并捣鬼。因此我建议分别观察他俩在一起和分开时的情况。上个月他们就一直是分开的，G在另一个班，他成了另一个老师的负担。其他同学讨论问题的时候他开始画画，或者说些无聊的话来引起全班哄堂大笑。他的话很庸俗，老师一转身他就离开座位和人吵架。课间休息时老师必须将他隔离开来，否则他要打同学，还踢他们。在体育馆里，他快速爬上杆子，还一边大喊大叫。

他在今晚的诊疗咨询中（用方言）说——当然，我们没让他说的他也说了："我就知道医生会问我是不是个乖孩子，我说我是个乖孩子，我才懒得理他呢。我五点钟睡觉，谁都别想在六点半来烦我。我会睡得很香，他们叫不醒我。我妈妈要到晚上九点钟才下班。"

S的案例又是另一种情况,他的母亲有很严重的肾炎,她在孩子出生前打了很多针。S五岁时,他顺着楼梯栏杆从三楼滑到二楼,然后摔倒了。送去医院的路上他一直昏迷不醒,随后在医院住院观察了一段时间,但没发现什么异样。

母亲说从那时开始到上学,他父亲就对他非常溺爱。这孩子表现很差,他会跑出去玩,直到很晚才回家,母亲不知道该怎么对待他。他常常问她:"你什么时候死呀?你什么时候去医院?"学校第一次向父母反馈他的问题之后,父亲开始对他特别严厉,但毫无效果。父亲以前是士兵,现在已经退伍。去年家里又生了个小女孩,这引起了S的嫉妒。同年,他做了扁桃体手术,身体很不好。他问:"为什么他们给我注射疫苗,给我动手术,而妹妹不用?"母亲吓唬他说要送他去教养院,他说他宁愿待在教养院也不愿意回家。他爱舅舅和姨妈胜于爱自己的母亲,他和舅舅、姨妈之间的关系尚不十分清楚。他公开地用这种关系来嘲弄母亲,有可能是他对母亲的敌意根植于这种关系之中。

夏天的时候,所有班级都在公园进行课间休息。有一天,这孩子提到一个漂亮的女孩,他说:"我想亲她。"老师把他拉到一边,很和善地问他为什么想这么做,平时也喜欢亲其他人吗?最后,他建议小孩回家亲自己的母亲,但他粗鲁地拒绝了。关于亲吻的话题,本身是个无伤大雅的小插曲,老师觉得这是小孩极度渴望家庭的爱的表现。老师把他母亲叫来学校,建议她通过亲吻小孩来缓和他们的关系,经常向孩子展示母爱,而不是像现在这样打骂孩子。但是这遭到了母亲愤怒的反

第十五章 惹是生非的孩子

对，她说那是她的家，她没必要按照老师的建议来行事。

至于其他的，孩子在身体方面得到了很好的照料，他很健康，但是除了学校的东西，他对其他事物一概不理不睬。父母对他的作业要求非常严格，他的天资在中等以上，他很容易分心，也是个粗心大意的人，他总是想自己完成所有事情。一般来说，他在做决定时很容易受到影响，但是也能很快下定决心。上课时他会打断老师，对规劝完全不放在心上，会毫无理由地打同学（就算同学没有坐在他旁边），把自己的书扔向他们，或者用他的运动鞋打他们的脸。他还喜欢躺在桌子上，在教室里乱抛洒栗子、吹口哨、唱歌，老师和同学们说什么他都要品头论足。他捡到一些彩色铅笔，并说这是他的。班里做了建筑模型挂在墙上，他会取下一部分放进自己的书包里。他经常打翻其他同学的工具篮，当他捡起工具篮的时候，会把剪刀据为己有。

老师给他分配了一些能改善他的行为的特殊任务，但他总是弄得一团糟，他只会把这些任务当作跟同学吵架或者耍小伎俩的机会。他还用吸了水的海绵在墙上和图画上洒水。

他认为这种行为是英雄举动。他还吹嘘，比如，他告诉人家，在医院要打针的时候，他就逃跑。他的朋友G在听他的故事时，嘴不自觉地微张着，满怀敬仰。如果老师说S做错了什么事，他就马上激烈地否认，也许还会说这都是G犯的错，这两个男孩之间互相谴责和告发是常事。S毫无根据地用一些自己虚构的坏事来指责其他同学。他的父母今天决定把他带来诊疗辅导中心，一开始他十分生气，特别是当他发现不是所有人都得来看医生时。

老师已经在学校试了所有办法来改变这两个孩子，尽管略有成效，但是没有长期的改进。他们试着温和地讲道理，答应满足他们的愿望，给他们安排光荣的任务。荣誉能吸引他们，荣誉能装点他们的未来前景，还能试着唤醒他们的同情心。老师也解释了：如果其他孩子也像他们一样捣乱，那他们会觉得多么难受。他们把这两个孩子从喜欢的课上叫到校长办公室，给孩子分配独立完成的作业，但没有任何效果。S偶尔还能听进去一些道理，而G只觉得很滑稽。直到现在，最管用的办法就是像"驯兽师"一样训练他们，显然这并非长久之计。

阿德勒博士：关于这两个小男孩的报告写得很好、很详细，我们要从中下结论不是件难事，我们不仅要从个体心理学的角度出发，同时也要从大众心理学的角度来思考。这些孩子很清楚该怎么应对所有的反对和攻击，他们在别处显得不一样，但他们终归还是孩子。这些孩子应该离开家庭环境，去特殊的寄宿学校上一两个月的课，我觉得这类特别棘手的问题儿童是迟早要去上寄宿学校的。这种学校对学生很好，我们也能更清楚地认识他们，并且让他们明白自己错误的原因是什么。提供指导是我们的责任，我应向你们说明这两个孩子都代表了什么样的类型。我们从第一份病历中了解到G的情况，他最突出的一点是留级一年，他不如普通人，最大的兴趣爱好是马。

这孩子在学校很爱折腾，如果我们暂不理会其他方面，仅仅考虑他的言行举止和对待学校要求的态度，那么目前他的状态就是全力排斥和拒绝学校对他提出的所有要求，因为他觉得自己什么事都做不到。这种动机在我看来已经足够，如果我站在他的立场上看，想象我永远也做不成任何事情，但是我却

第十五章 惹是生非的孩子

被迫去上学的话,我也会做出同样的反应。如果我们现在在短时间内吸引孩子的注意力,向他解释其实他也能很好地完成任务,他就会意识到自己适合待在马厩而不是上学的想法是错误的。如果我们能亲自对他进行辅导,帮他顺利完成这个过程,那么在一段时间内,我们就能让他提起对某些科目的兴趣。

他的家庭生活和他的背景都跟马、酒馆和流行歌曲有关,这种环境对燃起他对学校的兴趣是无益的,必须有人采取行动。我们再次提出要送孩子到特殊学校去,但是,假如没有这类学校,就只能让某个关心他的人来帮助他。我正在考虑让一个友好的哥哥来取得男孩的信任,给予他鼓励。他在学校的种种表现都显示出他很懦弱,我要让他明白这一点。我还想让他知道,为什么他在生活的有用方面毫无建树,是因为他把精力都用在了其他地方——生活的无用方面。我期望这样的解释能带来很好的反馈。要向他证实我们所说的话并不容易,但有些他缺失的地方我们能帮助他弥补。

别忘了父亲对他的偏爱,这个家似乎也有好的地方:比如,对这孩子悉心照顾。至于另一个男孩的家我们就不敢如此断言了,但这种过度宠爱孩子的家庭会让孩子在遭遇困难时立刻选择逃避。他们忍受不了对他们不利的环境,这孩子总是想展示出比真实的自己更高大的形象。正如你们所见,孩子努力追求认可,想成为中心人物。对他来说,获得生活有用方面的认可似乎困难重重。

证实之前所提出的观点是我们的责任,母亲会告诉我们一些娇惯这孩子的养育方式。我想强调一点,这孩子没有胆量,我们要确认他是否在其他方面也是如此。也许他怕鬼,害怕夜里一个人待着,需要母亲陪着他,或者可能在睡觉时会大哭。他在学校对老师很傲慢并不表示他有胆量。他知道老师的权力有限,所以他就可以表现得像个英雄一样。

第二个案例是个复杂的案例,父亲对孩子的宠爱超过了母亲。他跟母亲的关系很僵,因为她一直都没办法赢得他的理解与支持。老师建议她向孩子表达母爱,有时候应该亲吻他而不是打他,从她对此建议的反应我们就能猜出她是个冷酷的女人。我记得老师建议她在家多亲亲孩子时,她回答说那是她的家,她没必要按照老师的建议来行事。通过观察她对孩子的态度,我们猜测可能曾经发生过什么严重的事件。

这孩子有个妹妹,当我们听说孩子更黏父亲而不是母亲时,就可以猜测孩子已经到了发育的第二阶段。出于某些原因,母亲与这孩子不亲近了,父亲取代了这个位置。可能是因为母亲的身体不好,所以母亲不能给孩子的关爱,就由父亲、姨妈或者舅舅替代了,我们也不能肯定是不是母亲的疾病成了孩子反抗她的动机。

也有可能是孩子有器质性缺陷。他比普通人要聪明,如果他能接受智商测试,结果很有可能是智商比较高,毕竟他的推断能力很强。我们可以从另外一个角度来解释他在学校的表现,即他想要关爱,他想被宠着。他曾经体验过成为关注中心的感觉,在六岁之前他都是独生子,所有人都宠着他,就像所有其他独生子一样,姨妈和舅舅也参与其中,他上学之后也认为所有人都应该对自己特别关注。但这在学校行不通,就算有人想这么做也是不可能的。总是想获得关注的孩子倾向于在生活的无用方面采取惹人讨厌的方式,而不是在有用方面采取讨

第十五章 惹是生非的孩子

人欢喜的方式。这种被娇惯的儿童大都缺乏胆量，他们希望通过更简单的方式来吸引人。相比他之前的处境，孩子现在在学校和家里都有挫败感。一个有挫败感的孩子会做什么？当他感觉权利被剥夺的时候会做什么？他想充实自己。在我看来，他想扮演高高在上的人物——一个英雄，我们可在他的幻想中找到这个特征。孩子偷东西并不让我们意外。在他身上，这种态度的出发点已经显现出来了，他偷同学的蛋糕表明他想用轻松的方式充实自己。他的行为方式证明他需要得到更多，要比其他人多。

我们应该鼓励第一个孩子在学习上多用功，而说服第二个孩子放弃总想成为焦点的想法，当大家关心别人时，并不代表他们就不关心他。要是他想成为焦点，就必须合作。如果一个陌生人跟他说这些，他会开始琢磨，这会给他更深的印象。此外，老师也不妨给他一些理解性的微笑，就好像说："你其实还没准备好我们正在讨论的话题。"

我们可以通过跟孩子交谈来证实我们的设想。我们都想证实猜测是否正确，或者我们是否应该进行修正。为孩子指明一条可以前进的道路尤为重要；相比惩罚，这可能更有效，能让他更好地融入社会。如果学校采取惩罚的方式，他会讨厌学校，就再也不去上学了。

阿德勒博士（对G的母亲说）：最重要的事情就是看到孩子取得进步，他已经失去了勇气，他认为他永远也不能成为好学生了。他有什么朋友吗？

母亲：他在学校一个朋友也没有，他喜欢写字，但不喜欢阅读，他还喜欢去儿童中心。

阿德勒博士：儿童中心没有考试，那里不给成绩打分。他肯定需要帮助来取得进步和成功。我希望你能帮我们去鼓励他，告诉他："你是个聪明的孩子，别放弃。"除此以外，他还是个好孩子吧？

母亲：是的，但他很野。

阿德勒博士：其他的孩子喜欢他吗？

母亲：他喜欢跟他们打架。

阿德勒博士：他跟父亲和哥哥相处得怎么样？家里人都喜欢他吗？

母亲：他们经常吵架，就像所有孩子一样。

阿德勒博士：父亲对他和蔼吗？

母亲：我丈夫非常爱他，孩子也很黏他。而对我的话，他就不听了，除非我责备他。

阿德勒博士：他小时候身体好吗？

母亲：他的肺有点儿问题。

阿德勒博士：让医生给他检查一下，医生会针对他的疾病给你建议。他的睡眠怎么样？他会很烦躁吗？他害不害怕黑暗或者鬼？

母亲：他什么都不怕。

阿德勒博士：让我见见他，就知道他是否胆小了，但是先别跟他说什么。

（在母亲走后，对周围人说）孩子为了弥补自己的胆小，可能会变得傲慢。

（孩子进来后，对孩子说）你长大后想做什么？

G：（不回答。）

第十五章 惹是生非的孩子

阿德勒博士：你最喜欢什么？你想做个聪明能干的孩子，还是你认为自己永远也不会成功？

（可以肯定他是个左撇子，这件事严重阻挠了他的进步。）

你不够勇敢，你认为其他人可以做到的事情自己做不到。你认为自己终将一事无成，所以你就去打扰别人。但我认为你是个勇敢的孩子，如果你能带着勇气，用心做事就好了。事情不会在一两天之内就一下子变好，但是两周就足够让你变成一个好学生，一切都会朝好的方向发展。你觉得呢？你想试试吗？就算你没有取得最好的成绩，你也不要放弃。当你在课堂上跟老师捣乱时，你要记住，这是因为你认为自己没法成功。

（这孩子看着地板，头歪向一边。）

一个月之后回来，我很想知道你是否已经变得更勇敢，或者是你依旧很胆怯。

（整个面谈中，这孩子一句话也没说就走了。）

阿德勒博士（对周围人说）：我想加一句，跟父母或孩子面谈需要有经验。但是依据这个案例，如果不是老师自己，谁能做这件事情呢？这不仅仅是用三言两语来解释的问题：这时我们要面对的是一种艺术性、戏剧性的谈话。作为心理学家和教育家，我们自己扮演着特定的角色，我们必须把它演好，演得恰当，还要有明确的意图，你没法用任何事情来与之相比。我们要给人一种印象，一种只有在艺术中才能找到的印象，这不管是对成年人还是对孩子，都很有效。

（对S的母亲说）你对自己的儿子满意吗？

母亲：他很顽皮，很恶毒，总是招惹妹妹。

阿德勒博士：他在六年中一直都是独生子，妹妹出生时，他觉得大难临头，因为突然之间他不再是唯一的了。你是什么感受？实际上，这是很好理解的，我们不应该总是限制自己的思维模式，其实事情就像孩子突然之间要离开温暖的地方，进入寒冷区域一样。他很黏你吗？

母亲：不，可能是我太严厉了。

阿德勒博士：当孩子察觉父母对自己的态度不一样时，他就会有挫败感。你可以跟你丈夫谈一下这件事，如果你们两个能交流互通一下各自的方式方法就更好了。

母亲：我身体不好，刚刚在医院住了四个月。我非常的敏感紧张，这孩子从来都不爱我，只爱他父亲。

阿德勒博士：那你住院的时候这孩子在哪里？

母亲：我去年在医院住了六个月，在疗养院住了六个月，儿子一直跟他爷爷奶奶住。

阿德勒博士：爷爷奶奶总是会娇惯孩子的，现在他注意到了区别。他晚上哭闹吗？他尿床吗？

母亲：他有点儿焦躁，从两岁开始就不尿床了。

阿德勒博士：他容易交到朋友吗？

母亲：他很专横。

阿德勒博士：他觉得自己不再像在爷爷奶奶家那样受宠了，或者他感到压抑。对于他来说，听话就意味着贬低自己。没人注意到他时，他就认为自己受到了不公正的待遇。

母亲：我总是唠叨他，他不喜欢我。

阿德勒博士：他能自己洗澡穿衣吗？他很马虎吗？起床的时候怎么样？

母亲：他很马虎，但是他喜欢自己洗澡，也是自己起床。

阿德勒博士：这很好，非常好。他似乎在学校的表现也不错，只有在大家不理他的时候才会发狂。

母亲：他总是让我神经紧张，上周他上午十点钟离开家，答应中午回来，但是直到晚上六点才回家。

阿德勒博士：他希望大家都忙着找他，担心他。他勇敢吗？

母亲：他什么都不怕。

阿德勒博士：我想跟他谈谈，让他不用老是扮演大人物的角色。如果这是他在学校的表现，他最终会走上不正确的道路。对他好一点吧，委婉地跟他说："你想让我把所有的时间都花在你身上，但你已经是个大孩子了！"

（母亲离开了。）

阿德勒博士（对周围人说）：这个女人看起来也没那么病殃殃的。

阿德勒博士（对学生S说）：你在学校怎么样？

S：很好。

阿德勒博士：你想成为最优秀的学生吗？若你在算术和写字方面成为最棒的学生该有多好呀！如果你能成为最优秀的孩子不好吗？但是这需要你自己去配合，现在大部分时间你都不配合。你不想配合吗？你要是能配合，肯定能进步很多。

（这孩子肯定是左撇子，不是所有的孩子都能意识到自己是左撇子，但是他们会经历很多困难。）

你写字怎么样？

S：不好。

阿德勒博士：如果你想好好学习而不去惹是生非，如果你想进步的话，其实你是可以把字写得很漂亮的。

（对周围人说）写字和阅读这两科对左撇子孩子来说是特别难的，如果你们留心，就能注意到这些孩子在读课文时是从右到左拼读的。这种读法不对，人家还以为他们不知道怎么读。

（对S说）老师必须在你身上花一些时间和精力，但是你在课堂上惹事对他来说是不公平的，你这么做究竟得到了什么？

S：什么都没得到。

阿德勒博士：你是可以成为好学生的，当然这也不是一夜之间就能完成的。但如果你去试了，你会把字写得很好。从现在开始一个月内，你要给我看你写得有多好，你还要告诉我你是否有勇气来配合。关心一下你的妹妹，整理好自己的东西。你妈妈身体不好，她最后还是会好起来的，但是你应该帮一下她。

（孩子离开了。）

我想针对儿童左撇子高发的情况多说几句，世界上没什么天才或者迟钝儿童，我们正在讨论两种类型的儿童：第一种类型是对什么都不理不睬，完全没有进步，第二种类型却总是向前赶。有些人整个人生都在跟自己作对，闹别扭。他们没有意识到自己是左撇子，但是他们能体会到左撇子的不便，他们常常贬低自己而抬高别人。你会发现其实左撇子在问题儿童、神经症患者、罪犯、潜在自杀人群和性变态者中所占的数量非常庞大，但在杰出人物和艺术家当中数量也很大。

鼓励是最重要的方法。如果我们能有效地鼓励左撇子学生，总会收效颇丰。

第十六章　奋力夺回失去的天堂

这是一个五岁的上学前班的男孩，他的过往经历可以让我们预测到他上学之后的表现。我马上会向你们说明我们是怎么在如此短的时间了解情况并如此肯定的。

"这孩子很难对付。"

孩子有很明显的叛逆情绪，他在战争中生活着，也可能生活在一个宠坏他的温和环境中。那么问题来了：为什么他会在这个时候叛逆呢？他是不是觉得自己不像以前那样受宠了？他当下的环境已经不如之前那样对他有利了，我们可以预测所有的一切。

"他太活跃了。"

这对我们来说很新奇吗？哪个战士不是超级活跃的呢？如果他不活跃，我们倒认为他是个低能儿童了，这两种表现在现代儿童的生活风格上总是相辅相成的。

"他喜欢打破东西。"

这就是战斗的方法。

"他有时候发狂发怒。"

这些都很正常，这孩子肯定是很聪明的。我们要确定他是否是低能儿童，低能儿童需要完全不一样的养育方式。低能儿童没有生活风格，而这孩子刚好相反，他有目标：要战斗，要赢，赢了才能让自己高兴满意。

"母亲说孩子的身体很健康，生活顺利……他总是想让别人关心自己。"

这种斗争可能会在所有家庭中发生，孩子在家里必须做点什么来激怒别人。

"他穿着又脏又重的鞋子爬上干净的桌子，母亲在忙的时候，他总是玩台灯寻开心。"

他清楚地知道该怎么开战。

"母亲准备去弹钢琴或者正在读书时，他就开始玩灯泡。他永远也停不下来，即使在吃饭时也不安分，他无时无刻都想得到关注。"

他的目标是持续成为大家关注的焦点，这让我们不得不考虑以下问题：如果他想念那种成为焦点的感觉，这就表示他曾经成为过焦点，现在他想再次夺回那种地位。什么事会这么激怒他？也许是一个比他小的孩子。

"他总是跟父亲玩拳击，他很喜欢跟父亲玩。"

我们可以看到他总能找到打斗的途径，然后惹事。

"他还喜欢用手挖蛋糕，往嘴里塞满蛋糕。"

他还通过拒绝吃饭来反抗。

"如果家里有客人来，他会把客人从椅子上推走，然后坐在客人的位置。"

这种行为证明他不喜欢别人，缺乏社会情感，也说明了他

第十六章 奋力夺回失去的天堂

为什么对弟弟没有好脾气。

"当母亲和父亲唱歌或者弹琴时,孩子就不停地大喊大叫,还说不喜欢听。"

这不符合他的预期,他想让所有人都只在他身上花时间。但就算我们看到他的缺点,也不应该惩罚他。惩罚是没用的,我们清楚教育他应该从哪里开始。这孩子感到受侵犯了,觉得受到了伤害,他之前享有的地位被贬低了。

"父亲是位歌手,会开演唱会,母亲陪着他。这个小男孩哭得很厉害:'爸爸,到这儿来!'"

由此我们清楚地明白,他的所作所为都是想让父亲和母亲只关心他一个人。

"如果他想要什么却没有立刻得到,就会大发雷霆。"

这就是他的战斗心态。

"他把一切都弄坏,用螺丝刀把自己床上的螺丝全部卸了下来。"

他不合群的态度再次呈现,他做尽坏事来跟父母捣乱,表现出他的不良情绪。

"他对人冷嘲热讽,特别是当他做坏事且知道自己可以逃脱时。大家都认为他是个聪明的孩子,因为他可以说出很刻薄的话。他完全不能在一件事上集中注意力,他的母亲想让他专注。"(显然她没有成功。)

"母亲打他时,他大笑,然后沉默了大概两分钟。母亲认为自己、父亲和爷爷奶奶以前都太过于宠爱孩子了,因此目前的事实是,大家都不再娇惯他了。"

他变成这样,是因为他的社会情感得不到发展,他只跟父母亲近。

"他的父亲和母亲总是感到筋疲力尽,但孩子却不会疲倦。"

他玩自己喜欢的游戏,又怎么会觉得累呢?这是很容易理解的。照料孩子让母亲或父亲都疲惫不堪。约束他也没用,不论谁管教他,他都要报复。

"他记忆力很差,没法集中注意力。"

这是因为他没有必要的装备和准备,他应该独立做事了,但他做不到。

"他从来没上过幼儿园。"

这条信息表明,母亲似乎是独自抚养他的。

怎么来理解这种关系十分重要,我们目前了解的信息只是其中一部分。这不是心理学分析过程,要理解病例就必须掌握所有事情之间的内在联系。

第十七章 失去爱而导致的盗窃

"这孩子是在匈牙利南部的一个小村庄出生的。"

"孩子两岁半的时候,他父亲破产了。"

这些信息足以引发我们的思考。三岁之前,也许他是在衣食无忧的环境下长大的,之后环境就变得很糟糕。父亲生意上的失败使得孩子的生长环境变差,他由此成了家里的负担。由奢入俭难,儿童早期在物质丰富的环境下长大,之后环境突然变差,孩子长大后会受到很大影响。

"父亲带着妻子和独生子一起搬到维也纳谋生。"

当时他还是家里唯一的、被娇惯的孩子,是全家的焦点,我们能预测到新的不利环境会给孩子带来极大压力。

"在后来的七年时间里,父亲做旅游销售养家,需要经常出差……"

这个信息很重要,我们经常在此类案例中发现,母亲因为父亲长期在外,无法发挥自己的第二项功能——没办法指导孩子发展对他人的社会情感,特别是对父亲的社会情感。如果父亲长年累月不在家,通常会出现这种情况,母亲因此没法发挥第二项功能。当婚姻出现严重问题时,这个观点也同样成立。在本案例中也一样,我们没办法唤起孩子对他人的兴趣。不幸的婚姻常常会造就问题儿童。同时,父亲的愤怒或者暴脾气也会阻挠孩子社会情感的发展。

"……生意破产后,他一直在打官司。"

我们判断这孩子的境况是,他的整个生活环境被官司弄得很绝望。家庭氛围是否也受其严重影响,我们尚不清楚。尽管孩子记忆中没有任何关于这种家庭气氛的印象,但他的生活风格还是受到了影响。

"他之前曾经是个听话、安静和可爱的孩子……"

对我们来说,这意味着他很依赖母亲。

"……对还很年轻却不总是那么公正的母亲有强烈的依赖;对于温和友善的父亲,他甚至怀有更深的爱意。"

如果这种观察是准确的,我们肯定要推敲"不总是那么公正的"这句措辞。似乎母亲没有恰当地发挥她的第一项功能,孩子由此转向另一个人。尽管父亲经常不在家,他还是得到了孩子的爱,这孩子在第二阶段变得很依赖父亲。

"这家人在春天搬家了,父亲为母亲和他的一个弟弟各投资了一笔小生意"

我们是这么理解的:由于母亲从事新的工作,孩子的情况变糟了,因为她不再像以前一样有那么多时间来宠爱孩子,没有再把全部精力都放在他身上。

"这孩子似乎没有人陪伴。"

这就证实了我们之前的设想,母亲不再有那么多时间围着

第十七章　失去爱而导致的盗窃

孩子转,而他又总是要求有人陪着。

"他从父母的店里偷了领带……"

可能孩子觉得别人夺走了自己的东西。父亲出差,母亲在商店工作,没人看管他,这让他觉得自己被抛弃了。我们需要弄清楚他想拿领带做什么,也许他想把领带送给其他孩子来赢得他们的感情和关爱,而这些他再也不能从母亲那里获得了。

"……为了把它们送给那个住在同一栋楼的实习画家。"

这完全证实了我们的推理。

"他从附近的公园偷玫瑰,既不带回家,也不送给他很喜欢的漂亮姨妈。"

就像很多觉得自己的东西被夺走的孩子一样,他开始用礼物向其他孩子行贿,想赢得他们的喜欢,这是儿童盗窃案件中最常见的动机。少年法庭对这种动机不予理会,没人关心这种观点。

"孩子八岁的时候,有一天,他和朋友们离开学校时碰见了神父。另一个男孩很礼貌地跟神父打招呼,但是这孩子却用污言秽语吼他。"

他有自己的自由思维,我们必须做进一步的推断,他这么想成为关注的中心也许是急于让大家都注意到他。对他来说,从生活的有用方面来达到目标是不太可能的,所以他就采用其他方式。

"他为什么要这样?"写这份报告的人问道。

"他跟神父从来没有任何交集,他表现这么恶劣的动机是什么?"

也许他属于另外一个教派。

"一小时之后，有人把他带到学校，叫他亲吻神父的手并请求他的原谅，但他不愿意。"

他的整个人格特征展露无遗，这孩子总想扮演大人物，不愿意向任何人屈服，他不想承认犯下的错。我们不建议要求孩子为自己的错误而道歉或者认错，我们更倾向于沿着就像我本人曾经历过的方式来解决问题。我在六岁时有一次犯了错，我的母亲气得满脸通红，她要求我解释为什么。我也意识到自己的错，觉得非常尴尬。我父亲一直站在母亲身边沉默着，最后他用手拉着她说："放过他吧。"这个场景给我留下很深的印象，我会不时想起。为此，我对父亲怀着极大的感激之情。父亲的这种做法更积极地教育了我，比要求我忏悔，或者母亲给我一个耳光的影响更深。强迫孩子道歉不是好办法，当然，我们还是得让孩子明白他的表现很糟糕。为什么要求他公开认错？为什么公开贬低他？为什么他必须服从？

"他的言行举止得分很低，直到学期末他都坐在最后一排。"

我们可以预见这种方式不会在他身上取得好效果，因为这种管教方式也会让他受众人瞩目。他会惹是生非，用恶劣的方法突显自己，好像英雄一样行事。

"然而这个老师对他并不差。"

这里出现了一个也许能取得成效的因素，如果老师表现出敌意，孩子就会更叛逆。

"在那期间发生了点儿小问题，给他留下了不可磨灭的记忆。有一天，当他走到院子时，他把正在吃的未发酵面包给了一个正在干活的工人，工人却把那片面包放在凳子上并用锤子敲碎，说：'这是我们要击碎所有犹太人的方法。'"

第十七章　失去爱而导致的盗窃

他是个犹太孩子。很自然的,这件事情对这个正在寻找爱和关怀的孩子造成了巨大压力。作为一个成年人,我们可能会对此一笑了之。我们会觉得这只是人世间的一个小插曲,如果想继续探寻这个问题,那就得相应地找到这种情感的源头。对于这孩子来说,我们应该观察他是否还因这件事情受到了什么其他影响。

"我们不能确定这是在神父的事件之前还是之后。"

确定这一点变得很有意思也很重要,有可能是这件事激发了他的敌意,他对神父的敌意也正源于此。

"第二年春天,父亲关了店,这家人再次回到城里。年底或者次年的早春,父亲坐牢了,他因为欺诈性破产被判了刑。"

这件事又对孩子的内心造成了影响,他急于获得关爱,非常依赖自己的母亲,还经历了温和的父亲坐牢的事情。如果这孩子激烈地反抗我们的法律,挑战整个社会,我都不会感到惊讶。很明显,他没办法发展对他人的情感,甚至失去了剩下的社会情感。他可能会与其他不合群的人一起参军,或者在以后走上犯罪的道路。

"没人跟孩子谈过这件事。"

对于孩子来说,要隐藏这样的事情肯定太难。如果他不知道父亲的刑期就最好,但在本案中,这好像不太可能。

"进入青少年和成年之后,他也回避讨论这件事。"

他认为这是极其丢人的事情。

"他总是假装对这件事不理不睬,从不提起,甚至跟他最亲近的朋友也不提。"

这个信息非常有意思,因为如果男孩曾经反抗,曾经认为这是不公平的,那他就应该公正地坚持捍卫自己可怜的父亲。这肯定是因为男孩拥有非常强烈的正统思维模式,使他认为不能公开自由地谈论这件事。人们不能随意地谈论一切,有些事就是不能讨论的。这个曾经叛逆的孩子开始与社会渐行渐远,我们已经从他的态度中发现了某种不安全性。外部事件极有影响力,如果他父亲不坐牢的话,或者如果他不会因为自己的宗教而受到打压的话,我们还有可能看到他能过上体面的生活。

"突然间,过去两年的狂野都消失了,这孩子变得对年轻漂亮的母亲很温顺,变得听话和少言寡语。"

这表明他需要亲近某人——不是一大群人,而是某个人,他习惯于只亲近一个人。如果父亲只是离开他一段时间,他就会找别人代替。当母亲很忙的时候,他就想博得学徒工的同情,他总是需要亲近某个人。

"父亲从监狱刑满释放后,不停地努力工作,弥补了在坐牢期间造成的物质匮乏,这家人长期以来的压力似乎终于可以减轻了。"

由于经济困难,孩子曾再次感受到外界的压力。

"孩子又可以看动画片了。"

我们仍然不满足于此,因为我们不知道这意味着什么,也不知道为什么会这样。到现在为止,这孩子还不知道自己应该持什么样的态度,因为他记得父亲以前是宠爱自己的人。

"上学的第一年,他是最优秀的学生之一,之后他就一直滑落到中等以下。现在是五年级下学期,他又开始变得活泼了,精力很旺盛。"

这跟父亲回家不无关系。

第十七章 失去爱而导致的盗窃

"不管怎样,他听话了,学习也很努力,很快又变成了班里最优秀的学生之一。"

很有可能,学校有个老师很支持他。

"有个他很崇敬的老师,曾好几次就他的进步表扬过他,这种表扬对他来说很重要。"

他再次觉得有人关心他,爱和感情似乎挽救了他。

"秋天他去上中学,一开始还不错。"

我们唯一的疑虑是:如果他没法保持在学校受人赏识的地位将会发生什么呢?如果换了一个他不喜欢的老师,或者他的宗教信仰使他受到排斥,又将会发生什么呢?也许他会在学习某个科目时困难重重,或者找不到适合自己的学习方式。长大后他也可能遭遇没有爱的环境,这些都是我们在他未来发展中要考虑到的。

"父亲在十一月的时候由于病重回家了。"

我们的过往经验再次帮助我们进行有效的分析。如果这类儿童正失去父母中某一个人的爱,比如说之前十分宠爱孩子的父亲现在身患重病,母亲几乎花尽了所有时间来照顾病重的父亲,这么一来,孩子就不再拥有曾经的亲密关系。这是个全新的、困难重重的环境,在这种情况下,他明显感到受挫。我们可以猜测到,父亲重病回家,母亲必须照料他,孩子再次变得孤单。如果他运气好的话,在这种时候遇到好老师,老师在他身上花时间并关心他,那么这种困境可能会消失,但目前我们还没有看到此类信息。

"父亲这次回家已经四十岁了,他中风了,左边身体瘫痪。"

我们很清楚这对一个家庭意味着什么,养家糊口的顶梁柱突然病重——特别是对一个亲密和睦的家庭,该家庭也确实是个亲密的家庭,我们可以预测这一事件带来的严重后果。

"他生意失败的原因是他必须为父母和好几个弟弟妹妹做出许多经济上的牺牲。"

孩子也许知道这些事情,这让他觉得父亲是个公正和诚实的人。

"父亲的身体一直都非常健康,之所以突然间状况恶化,肯定是因为打官司(持续了好几年)而导致精神紧张,父亲因为不能再帮助自己的父母和弟弟妹妹而感到十分沮丧,持续的加班和焦虑加重了他的精神负担,而他又不能指望任何人与他分担这些不幸——甚至包括他妻子(他顺便把妻子也宠坏了)。"

报告到此结束,剩下的是我们的推测。如果孩子在学校感觉轻松,他就会战胜困难。如果他被学校开除,他就会向自己的命运屈服,找到一份卑微的工作就满足了,但这种环境会让他痛苦万分。我们知道他自己的生活风格就是找到某个他可以亲近的人,如果他受到排斥,或者感到深深的自卑,他就会不出意外地重复我们已经观察到的行为:强烈的叛逆。如果有人能花时间跟他在一起,关心他,在这种有利环境下他还是会坦然地好好生活,不会刁难任何人。

在这之后他可能会有喜人的进步,如果遇到适合的环境,他在工作中不会碰到什么特别的困难。解决爱情的问题对他来说更难,因为他总是会寻找可以娇惯他的人。在他的人生当中,他会一直寻找像母亲一样能满足他的愿望的女人,就像我

第十七章 失去爱而导致的盗窃

们已经弄清楚的那样,但这种情况要靠运气和缘分。

我不介意基于这份支离破碎的报告来发挥我的专长,测试我们的专业知识。我想提醒各位一点,对于我们是否准确地预测到之后发生的事情,其实并不是那么重要。我们已经通过这份不甚详尽的报告发挥了作用,更准确地强调了细节,而不是按照惯例来分析。在生活中我们也会遇到相同情况,我们认识一些人,只知道他们的某些信息,但我们必须推导出其他方面。我们没法寻找完整的描述,必须自己下结论。在下结论的过程中我们要小心谨慎,要记住这孩子的成长会给我们提供更多的线索。

第十八章　尿床的孩子

"埃米尔十二岁，患有遗尿症。"

每当收到有关尿床的报告时，我们都会基于最基本的经验猜测，这是孩子为得到母亲的爱而采取的行动，尽管这是不恰当的方法。这个问题儿童通过尿床来表现自己，仿佛在说"膀胱语"。我们可将病人的表达方式视为语言的多样性，这孩子是在说："我还没长大，我还需要人照看！"通常母亲夜里要起身两到三次照看他，叫醒他，这给母亲带来了额外的负担。

遗尿并不是身体器官的疾病。尿床的孩子白天是有能力控制自己的膀胱的，问题是我们要找到他在晚上失去控制的原因。可能是精神压力让他无法控制自己不尿床。那么，这种压力来自何处？尿床的孩子是很倔强的。他们在寻找爱，他们想跟某人亲近——给某人增加额外的工作。（病人旁白："我们想跟某人建立一种联系。"）这是被娇惯的孩子。如果孩子努力获得更多宠爱，那就证明他在艰难维护着与某人的联系。凭借我们的知识，可以肯定地说，尿床明显是孩子出于叛逆所采

第十八章 尿床的孩子

取的攻击形式,他在寻求关爱。这种类型还包括睡眠不安稳的、夜间哭闹的(夜惊)、通过吵闹来与他人建立联系的孩子。他们还爬起来到处走动寻求关爱,以此激怒他人来赢得关心,这是另一种器官的语言表达方式。观察孩子如何进行表达十分关键,这与膀胱缺陷和控制膀胱的神经中枢有关。我是第一个(1907年)提出遗尿的人腰椎部位很虚弱这一观点的人,我还强调遗尿跟脊柱裂或脊柱神经有关联(福克斯教授强调过此观点),我们还要了解这孩子是如何说他的"膀胱语"的,这种情况通常可见于那些注意到膀胱功能重要性的孩子、母亲特别留意孩子在夜间保持干爽的孩子以及母亲过于强调整洁的孩子,孩子自然而然就产生了一个念头:我可以针对这一点做些什么,这可是个出击的好机会。在这些孩子中,他们都有被娇惯的特征。

我们不希望太教条主义,所以让我们一起来看一下报告中是如何陈述的。

他十二岁。记住,他是个被娇惯的孩子,持续尿床是因为他觉得自己不再得到足够的爱。我们可以从中推断某种细节——他还有一个弟弟或妹妹。这是被娇惯的孩子发起攻击的动机,或者是对他现在不像以前那样受宠而发出的控诉。控诉跟攻击是一样的,两者没有区别,他已经失去了自己的地位。也许他有个继父或者继母。我们没有固定的预测模式,但了解正在发生什么事情十分重要,我们肯定得找出孩子不如以前受宠的原因。这孩子有自己虚构的理想(他的理想就是他的目标):受到宠爱,有人听命于他。我们要让他改变目标,向他展示另一个目标,这样他才可以让自己变得有用。

"他从来不在夜里尿床,只在白天尿。"

该信息对我们所考虑的问题有很重要的影响。白天他压力很大,似乎只有在晚上他才会满意。我们可以有多种猜测。他可能经常在夜里和母亲一起睡,白天他就用惹是生非来引起注意,就像他说的:"你要更关心我一些。"白天他的斗争更激烈。

"他经常肠胃失调。"

出于同样的原因,他为了突显自己还故意拉裤子。他是在完全沮丧的情况下选择这么做的,是否该判断这孩子为低能儿要取决于怎么定义这个词。我们要问:为什么他不是在夜里拉裤子呢?有时候我们发现,沉迷于游戏中的儿童会失去对自己功能的控制。基于这些细节,我们可能应对的是一个社会功能问题,如果一项功能用社会行为模式以外的方式实现,那肯定就是不正常的。

"他是非婚生子。"

我们可猜测此类儿童是在无爱的环境下长大的,没有爱的温暖,没有充满关爱的家庭气氛,这通常是孩子在几岁前所感受到的。但在非婚生子中也有被娇惯的孩子,因此我们应该在这方面搜集更多信息。

"他的父亲在战争中去世,母亲之后改嫁。"

我们之前关于继父的设想在此得到证实。

"母亲在二婚中育有两个孩子:八岁的男孩和六岁的女孩。"

如果你们还记得我之前谈到关于控诉的问题,就能看出我们对本病例的理解是正确的。也许他的控诉是对的,他的感

第十八章 尿床的孩子

觉也是对的。我记得一个病例，一个小男孩在两岁时失去了母亲，父亲很快就再婚，没人知道这孩子其实并不是新母亲生的，也没人告诉他真相。之后父母又生了一个孩子。当这孩子来诊疗时，他告诉我，直到十四岁他才确信这个女人不是他的母亲，而是继母，后来他的猜测也得到了证实。这个事例证明，就算家人对他们很好，这类儿童还是能明确地感受到某些细微之处，并且随着家里其他孩子的出生，让他们觉得更小的孩子得到了更多的关心和照顾。

"这孩子应该对自己的弟弟和妹妹非常好。"

我们没发现任何兄弟姐妹之间的纷争。我经常发现就算孩子很嫉妒，他也会爱自己的兄弟姐妹。他们可能感觉到自己处于不利地位，但是他能跟兄弟姐妹好好相处，这种感觉会带来很多影响。举个例子：一个五岁的女孩，在有妹妹之前一直都是家里唯一的孩子。之后这个姐姐杀了三个小女孩，就像她说的："所有的女孩都必须消失。"然而平时她对自己的妹妹却好得无可挑剔。她在作案时技术高超，所以直到谋杀第三个女孩时才被发现。

"刚开始继父对他很严厉。"

这孩子经历了一段伤心的时期，继父出现后他的境况变糟了，这时他开始了控诉。

"但因为母亲的插手，他的境遇有了改善。"

我们可以想象，这种改善还不足以让孩子永久感受到它的存在。

"童年的大部分时间他都不在家，要么在姨妈家里……"

这可能是他早年发生的事情，他肯定在姨妈家有过快乐的时光。一般来说，寄养在姨妈家或者爷爷奶奶家的孩子都能得到很好的照料。

"……要么在孤儿院。"

我不能认定他是否在孤儿院也过得很好，我认为这些机构都不太好。机构有严格的纪律，其中一条就是不准尿床或者弄脏衣服，这对儿童来说过于严厉。有可能姨妈也过度强调了这一功能的重要性。我们观察到，如果特别训诫小孩吃饭的重要性，那么他就会证明自己在这方面有问题。同时，想掌控四肢和身体功能的儿童会拒绝执行与此有关的指令。你会发现这类孩子可能会在夜间起床，半梦半醒地如厕，不需要大人的帮助；但他们清醒的时候，如果有人要带他们去上厕所，他们非但不去，还会愤怒地尖叫。

我们还没有足够的信息来了解在养育这孩子的过程中出现了什么错误。很可能他已经从有利地位转到了不利地位。

"孩子现在上中学一年级。"

我认为他上学比实际年龄稍微落后了，他在十岁或者十一岁的时候就该上中学一年级了。但可以肯定的是，他能在这个年纪上中学，说明他既不是白痴，也不是低能儿或者体弱多病之人。如果他不是一直承受着精神上的压力，也许他能做个好学生。

"他上小学的时候在一年级和三年级都留了级。"

这就证实了我们的设想，他承受着压力，没有能力来特别应对严厉的老师，他又向绝望迈进了一步，同时，这些事情会让他在家里的地位持续恶化。

"他现在在学校获得了令人满意的进步。"

第十八章 尿床的孩子

可能老师挺好的。

"他交了朋友。"

"他经常在学校或外面做鬼脸。"

做鬼脸也是一种表达方式,我们应视其为一种语言。他的意图是什么?他在说:"你们都看我!"他正在扮演一个笑星的角色,为的就是吸引其他人的关注。他尿床和弄脏衣服也是相同的原因,他想进一步得到关注。他感到自己正在被埋没,所以他要抗争。

"他应该是在十一个月的时候开始学走路的,晚些时候才开始学说话。"

有些儿童的语言能力会受外界环境(缄默症)的影响。如果还是有人认为这孩子有些低能,我们也能理解,尽管这孩子并不低能。

"他也表现出说话障碍,说话时总是用舌头顶着牙齿。"

这就是我们所称的"口齿不清",我不明白为什么人们不纠正这种障碍,我们应当和善地给孩子示范怎样在说话的时候控制自己的舌头,或者也可以用一些线状的工具来纠正,要纠正这种错误相对来说还是很容易的。在本案中,口齿不清肯定让孩子更加觉得自己低人一等,他肯定经常被人嘲笑,因此变得更沮丧了。

"父亲说话时似乎也有同样的缺点。"

这并不是遗传的说话缺陷,但可能是由舌头的形状或者下巴的构造所导致的,所有说话缺陷都是由特别的器官条件引起的。在口吃者身上,我们经常发现他们下巴或者喉头的骨头形状排列不正常,或者牙齿不规则。这些因素阻挠了正常的发音学习，造成了孩子的说话缺陷。

"儿童期疾病：麻疹、水痘、肺炎。三年前切除了胰腺和扁桃体。"

这则信息对我们用处不大。

"这孩子娇弱瘦长，给人胆小畏缩、容易受惊的感觉。"

我们不期待孩子能表现出勇气，毕竟他已经到了沮丧的地步。如果他最近稍微有所改进，也许是因为他在学校进步了不少。

"他的上颚覆盖了下颚，所以他总是微张着嘴，看起来有点愚笨。"

现在我们得知他的下巴构造不正常，他的愚蠢显然是因为大家不喜欢他而造成的。

"身体检查：没什么值得特别提出的，反射弧正常，没有进行神经方面的测试，鼻子和咽喉也没有检查，母亲和一个哥哥都患有肾炎。"

从个体心理学来说，在遗尿症患者中发现了泌尿生殖器缺陷（比如，肾脏有问题）是个有趣的现象——在"器官缺陷"的研究中我已经强调过了。有时候这种缺陷是疾病的基础，但这并不意味着尿床就是由器质性缺陷造成的。有一种胚胎缺陷促使了遗尿的形成，遗尿症患者也有消化道和生殖器官虚弱的特点，生殖器官的问题几乎在所有此类病例中都可见到。

我们现在一定要找到跟母亲交谈的方式，以及确认这孩子的情况是否真的无可救药。同时，我们要观察孩子最近是否有停止进步的情况，我们注意到一些积极的迹象：他交了朋友，在学校的表现好了很多。我们肯定也要告诉母亲，鼓励孩子明白自己的价值所在,告诉他没人排斥他。我们应该敦促母亲去说服父亲,让父亲对这孩子友好些,让他感到快乐,比如说周日跟他单独去散步。如果可以完成以上建议,孩子会改掉控诉的习惯,不再让家人闷闷不乐。

我们应当鼓励孩子,使他获得一些成功。我们还可以帮他设立一个目标,但是要确保这是他可以完成的目标。我们会试着给他分配任务,测试他是否有能力跟父母成为朋友。如果能让他变得更友好,他就可以努力不再招惹别人。也许他不是故意在学校弄脏裤子的,他只是在感到十分沮丧时才会这么做。

相信各位能感觉到最重要的一点是:说服父母给孩子营造一个更舒适的环境,鼓励孩子,让他明白自己的重要性。

阿德勒博士(对母亲说):我想跟你谈谈你家孩子,他现在在学校表现如何?

母亲:他最近一直在努力。

阿德勒博士:他说过长大后想做什么吗?

母亲:他想当个电工。

阿德勒博士:他已经有梦想了?他了解这种工作吗?

母亲:是的,他了解一些。

阿德勒博士:他在家里帮忙做事吗?

母亲:是的。

阿德勒博士:当他的劳动获得认可时,他高兴吗?他受到过表扬吗?我想让你们多多表扬他,他很需要这些表扬。他希望你们能够对他和蔼些,温柔些。他跟你相处得怎么样?

母亲:他很听话,我可以指望他。

阿德勒博士:他照顾其他孩子吗?他跟他们相处得好吗?

母亲：老二不肯听他指挥。

阿德勒博士：老二总是更活泼、学得更快的，行动也更迅速。他睡眠怎么样？

母亲：他打呼噜很厉害，他患有腺状肿。

阿德勒博士：他在哪里睡觉？

母亲：他在我房里睡，我觉得他害怕我的第二任丈夫，他什么都怕。他曾经跟陌生人一起玩，姨妈对他非常好，之后他去了孤儿院。

阿德勒博士：（送他去孤儿院开始改变了他的境遇）你应该说服你丈夫，让他对孩子好一些，这样孩子就不再害怕了。他是个好孩子，他需要家里人对他和蔼友善些，他会做得更好的。如果你丈夫能在周日带他出去散散步，让他高兴高兴就最好了。你肯定从来没有打过孩子或冲他大吼过，他还是发育得很好的，而且还会继续成长。他在夜里是以什么姿势睡觉的？

母亲：他趴着睡。

阿德勒博士：他背对着生活，把自己隐藏起来。

母亲：他用被子盖着脑袋，自从他从孤儿院回家后，一直都很胆小。

阿德勒博士：试着不再批评他或者教训他。我会跟他说："你是个能干的孩子。"我要表扬他，还要告诉他我很喜欢他，这样的孩子需要证明自己得到了关爱。如果你这么做，他的一切都会慢慢变好的。他是不是不想离开你？

母亲：如果我跟他说我要再送他回孤儿院，他就会害怕。

阿德勒博士：如果是我的话，我就不会这么跟他说。他在学校和在家里的表现一样吗？

第十八章 尿床的孩子

母亲：他在学校很胆小，因为他不敢擅自离开教室，但他一定要离开时，又会很怕问老师。

阿德勒博士：最好让老师有个心理准备，我们可以把医院的诊断给老师看。（母亲离开了。）

阿德勒博士（对孩子说）：嗨，你好！你在学校怎么样？你以后想做什么？

埃米尔：技工。

阿德勒博士：好的！你有能力成为一名技工吗？你的字写得怎样？

埃米尔：不好。

阿德勒博士：画画呢？

埃米尔：很好。

阿德勒博士：你可以成为一名很好的技工，但是你要有胆量。你不要害怕，没人敢威胁你什么。你想知道怎样才能不害怕吗？你不需要在老师面前表现得像个宝宝一样。你已经是个大男孩了，不是宝宝了。就算你的成绩不好，你也不应该感到害怕。我以前成绩也很差，但后来我加倍努力地学习，一切都变好了。你不要老是觉得害怕，当你害怕的时候，你的行为就像个宝宝。你还要去学校上学多久？

埃米尔：还有两年，然后我就可以先做学徒。

阿德勒博士：体育课呢？你的体育课怎么样？

埃米尔：我得了B！

阿德勒博士：你有很多朋友吗？

埃米尔：我也有些坏朋友，他们总是打我。

阿德勒博士：你跟他们打架吗？

埃米尔：有时候会。

阿德勒博士：你不应该伤害其他人，这就像是上体育课时做的练习。你也跟弟弟打架吗？

埃米尔：他才八岁。

阿德勒博士：那你就是老大，他很乖吗？

埃米尔：他也很坏，经常跟我过不去。

阿德勒博士：看起来他不胆小，你应该努力取得进步。尽管他只有八岁，但如果他都能像个大孩子一样，那你也要努力才行。一个月之后回来找我，跟我说说你的情况，告诉我你有没有变得更勇敢，像个大孩子一样做事，不再像个宝宝了。去试试，然后告诉我你是否有能力做到。（孩子离开了。）

目前我们所能做到的就是鼓励他，只谈他犯的错误是鼓励不了他的。如果一个月后他回来，我们就能观察到他是否真的进步了，那么到时候我们再深入地讨论他犯的错。

第十九章　尿床：爱的表达

"十二岁的F由于尿床来诊所接受治疗。"

这是个叛逆的孩子，也许他曾经受人宠爱，但后来发生的事情改变了对他有利的环境。现在他感到气馁，开始攻击母亲，让母亲在夜里也照料他。我们要找到线索证明他确实是个被娇惯的孩子，比如说，他是否总是粗心大意，也许还嫉妒小一点的孩子，吃饭的时候也不老实，他是否想成为关注中心或者想赢得他人的同情。

"他经常白天尿裤子……"

如果一个孩子白天尿裤子，这就表明他的抗争已经达到白热化的阶段。他对夜里给家人制造麻烦还不满足，现在连白天也要这么做。当然，我们也要确定他是否患有精神疾病，由器质性疾病造成的这种遗尿现象是很罕见的。

"……但在夜里很少。"

他在白天开始这种抗争，到晚上他的环境可能变好了，他就安静下来。如果家人说他常常有意识地开战，他的主要性格特征是倔强，我们一点都不会意外，因为倔强代表更有意识的叛逆。

"当母亲跟他在一起，或在学校时，他从来不尿裤子。"

这表明他尿裤子的动机是心理上的。当他母亲在旁边时，就没必要吸引她的注意。似乎他在学校也觉得很轻松，可能他是个好学生，或者他害怕被学校开除。

"母亲离婚了。"

婚姻的破裂对孩子的影响极其恶劣，通常夫妻吵架就会减少对孩子的关心，还会凶孩子。我们需要注意一点：问题儿童、流氓、性变态和酒鬼中有很多都是在父母的不良婚姻或失败的婚姻中长大的。我们要观察这孩子的压力是否超负荷，因为这通常都是促使条件恶化的因素。

"他跟爷爷奶奶住一起。"

要记住一点：爷爷奶奶通常会娇惯他们的孙子，但也不全是；如果这孩子的母亲溺爱孩子，那么奶奶会责备她。但如果母亲没有宠爱孩子，奶奶就会娇惯孩子。

"孩子以前在父母的卧室睡觉。"

这就证实了孩子曾经是受宠的，也许是因为他能通过努力亲近母亲，又或者是因为父母总是希望他在身边。

"现在他自己睡。"

这一点很重要，它在孩子的尿床事件中起了关键作用，如果孩子跟母亲一起睡就不会尿床了。

"这孩子很黏母亲。"

这证实了孩子跟母亲的亲密度，他想赢得母亲的关注，让母亲支持自己。

第十九章 尿床：爱的表达

"他的爷爷奶奶很宠爱他。"

因此我们的猜测也是对的。

"四年前他因患了臀部和股骨脊髓炎而住了七个月的医院。"

这是一种需要家人更加溺爱孩子的疾病，之后孩子就会强烈地想念这种在生病期间受溺爱的感觉，这是比较典型的事例。孩子患病住院期间肯定得到了前所未有的宠爱。

"当时还考虑过截肢，但是孩子最后康复了，在那之后他的骨关节就很僵硬。"

他有身体缺陷，身体缺陷通常让孩子出现强烈的自卑感，挥之不去。被娇惯的孩子有自卑感，他们怀疑自己的能力。因为他有关节僵硬症，他的自卑感会更加严重，他甚至尝试更加依赖别人。

"由于疾病的影响，他从七岁到十岁都没上学。"

显然他这几年都跟母亲在一起。

"十岁时，他上了特别补习学校的三年级，现在是四年级学生。"

补习学校代表着自卑感的加重，就好像这孩子很迟钝，是个笨蛋或者傻瓜，他跟一群落后的孩子在一起。在维也纳，大家习惯把这类孩子所在的班级叫作"傻瓜班"。普通的孩子如果不幸到这种学校学习，就会有一种被降级的感觉。由此可见，孩子觉得自卑、受他人歧视，其实是有好几种成因的。

"他在学校表现不错。"

只要他精神健康，能在学校取得进步是很正常的。这不是什么优势，就好比在盲人中独眼并不是优胜者一样。

"他在算术方面很弱。"

如果最终他能找到做算术的正确方法,他会跟其他孩子做得一样好。

"老师叫其他学生回答时,他总是大声抢答。"

从中我们得知他是个聪明的孩子,这个被娇惯的孩子想让自己站在聚光灯下,他的尿床就是另一种表达方式。在学校他表现得相当好——他不是非得对自己不满意。但就算是在学校,他也想超过别人,这就是他为什么总提高嗓门的原因。

"就算跟其他孩子一起玩耍,他也要确保自己是发号施令的人。"

他有自己的风格,这种风格你无法在智力低下的儿童身上找到。我们认为他不应该去上补习学校,尽管他有能力去正常的班级学习,但因为疾病,要跟上进度还是有困难的,最好可以为这类学生设立特殊预科学校。

"他有一个哥哥,比他大四岁半,曾经被父亲宠坏了。"

我们由此得知,他没有弟弟或者妹妹。他丝毫不怀疑,哥哥比他强。父亲曾经娇惯哥哥,他也不在补习学校。

"哥哥很帅,他在中学一年级时留级了一年,但他现在表现很好,是个很认真的学生,少年老成。"

我们得知这是两兄弟,哥哥发育得很好,很难超越,因此弟弟通常就会成为问题儿童。如果弟弟取得好成绩,很轻松地就能跟上哥哥,或者甚至有可能取代哥哥的地位,那么哥哥就有可能成为问题儿童。该理论再次在本案中得到证实,哥哥似乎对弟弟在补习学校的事情没有任何焦虑不安的想法。

"这孩子很喜欢扮演小丑。"

第十九章 尿床：爱的表达

有强烈自卑感的儿童通常有这种表现，不想做什么事，却想吸引大家的注意力。这类儿童通常伴有三种表现：遗尿、惹是生非、插科打诨，这些都是有野心但却懦弱的人的表达方式，一个充满自信的人是不会有这种表现的。

"他经常在夜里哭。"

这再次表明他在寻找关爱，在夜里哭闹和扮演小丑逗乐都证明了他的聪明。他做的事其实很合理，如果我们处在他的环境下，或者我们也误解了当前的处境，就能理解他为什么会这么做，因为我们同样会这么做（如果我可以这么说的话），我们真的很需要鼓励他。

"吃饭的时候他不惹是生非。"

这表明该家庭在教育孩子时没有犯下严重的错误，他们不会过分强调食物的重要性；反倒是孩子出了错——他应该在吃饭时也制造麻烦。就算他的生活风格无法表现出我们基于经验所预估的特征，也不足为奇。

"他可以独立洗澡穿衣。"

家人可能在这方面对他教育得不错。

"父母有血缘关系，是近亲婚姻。"

这基本上没什么分析价值，因为其他儿童身上也有相同的特征，他的问题不能归结于遗传因素。但我想强调的是，近亲结婚的人都缺乏勇气。他们在择偶时想找到安全感，他们就倾向于找那些青梅竹马的人作为伴侣。这也是社会情感薄弱的表现，对于他们来说，他们的家庭就是全社会。当然，有时候近亲结婚的孩子天生便有器质性缺陷（失聪或失明）。但我能肯定，只有在双方父母都患有同样的器质性缺陷的情况下才会导致这种情况,如果近亲婚姻的双方不是同时具有这种缺陷,通常会生出完全健康的孩子。我之所以反对近亲结婚,仅仅是因为社会情感需要在最广泛的基础上建立血缘关系,认为自己的家庭和其他家庭大相径庭的个体则不会拥有太多的社会情感。

"孩子已经出过水痘,得过百日咳。"

孩子在承受病痛折磨时,父母会极其宠爱他。儿童患有一些疾病时,比如说患上猩红热和百日咳,父母就会自然而然地娇惯孩子,我们发现这些疾病带来了很多问题。另一方面,有时候问题儿童在大病之后表现好了很多,但我们也不能就此断言,猩红热或其他疾病能改善孩子的性格特征。

"他十六个月的时候开始学走路。"

如果母亲没有记错的话,这孩子可能有点儿佝偻病,母亲对孩子的照料显然过度了。

"直到三岁他才能正确说话。"

这证明他不是特别需要说话,因为如果他需要说话,他就会早些学会讲话。他拥有一切,所有愿望都能实现,他不需要说话,在哑巴身上也能找到相同的地方。总的来说,这类儿童被宠坏了,没有说话的必要。他们的母亲经常骄傲地说自己总是明白孩子想要什么,而孩子则希望不用说话别人就能理解自己,希望吸引所有的关注。如果这些孩子不说话,如果宠惯孩子的人总是对孩子百依百顺,孩子就会变成哑巴。同时,孩子是根据环境来发育并调节自身功能的。

我之前有个病例是一对聋哑夫妇的孩子,这孩子本身完全正常,能正常说话和理解;如果受到伤害,他就会开始哭,但不会发出任何声音。他的眼泪流下脸颊,表情也很悲伤,但是没人能听到他哭。他知道发出声音也没什么意义。功能是根据环境来发育的，没有其他模式。你们可以经由这种思考总结出所谓的内驱力心理学，因为内驱力的发育也只与环境相一致。这孩子忽略了说话的必要性，因此他说话的能力没有及时得到发展。

"他现在说话带鼻音，他的扁桃体和腺状肿都在四年前动手术切除了，腺状肿的问题好像近期还要再处理一次。他好像有轻微的唐氏综合征。"

他居然有唐氏综合征的特征，这倒是有点儿奇怪。虽然确实有一些理由让人怀疑他是低能儿，但我不完全确定他患有唐氏综合征。至今为止，所有唐氏综合征儿童都是低能儿，但是请切记，有的人看起来像是唐氏综合征患者，其实并非低能。

"他的鼻子很宽，耳朵是招风耳，下嘴唇很突出。医生检查过他的神经系统，并没有发现异常，智力也正常。他的右腿很僵硬。孩子很喜欢体育，学校也让他参加体育锻炼，尽管刚开始学校不让他上体育课，但他腿部的情况还不错，可以顺利上课。"

我经常注意到手部或者腿部有毛病的儿童对体育特别有热情，有时候甚至在这方面做得很优秀。这再次证实了个体心理学的基本理论：由器质性缺陷引发的特殊兴趣能刺激儿童获得好成绩。几年前还有一位少了一条腿的舞蹈家在我们城市举办演出呢。

在这么短时间内，我们无法达到别人能在孩子身上取得的成效。如果有人愿意与母亲和孩子合作，那么我们的工作能更好地开展。我们要尽量让孩子变得更独立、更勇敢；通过补习班的帮助，我们要把他提高到可以再次回到普通学校的水平。我们要给他设立一个目标，告诉他该怎么在生活的有用方面取得重要成绩。只要他开始进步，只要他能取得部分成功，他的坏毛病就不再有存在的理由（遗尿是他最后的逃避方式）。我们必须告诉他更好的方法，我们还要取得母亲的支持，否则如果我们向孩子建议这些方法，却遭到母亲的反对，那么孩子还是会碰到很多问题。我们想让母亲明白孩子真正的人格特征，并且去试着影响她。

阿德勒博士（对母亲）：我们准备跟你谈一下你的儿子，你认为你儿子是班上最好的学生之一吗？

母亲：我不觉得。

阿德勒博士：他在补习学校是最好的学生之一吗？

母亲：他表现很好，除了算术。其他学生比他好。老师说只要他不读那么快，就什么都好，但他还是会加快速度……

阿德勒博士：他想当什么？

母亲：木工。

阿德勒博士：他父亲做什么工作？

母亲（骄傲地）：他是一名牙科技师，外公有一个家具店。我父亲希望我儿子学习做生意，那么他就会了解所有关于家具的知识。

阿德勒博士：所以他希望孩子成为一名木工。你儿子有朋友吗？

母亲：哦，是的，都是比他小的孩子。

阿德勒博士：他喜欢跟其他孩子交朋友吗？

母亲：他只想跟比自己小的孩子玩。

阿德勒博士：他去游乐中心吗？

母亲：他曾去过"儿童的朋友"儿童中心，有一次他跟小朋友们打架，老师扯他们的耳朵，还让他们面壁。

阿德勒博士：他说实话吗？

母亲：有时候他会讲故事，但是从不撒谎。

阿德勒博士：他知道怎么管理钱吗？

母亲：他知道。

阿德勒博士：他可靠吗？

母亲：他非常可靠。让他帮忙照看生意他很在行，他很清楚自己在做什么。他会接电话，还帮忙做一些小事，但是他很孩子气。

阿德勒博士：他觉得学校怎么样？

母亲：他觉得还行，他曾经去过私立学校，我们想让他轻松些，但是学校不关心他，他考试不及格。一个精神病学家给他做了测试，说他很正常，让我们把他转到补习学校。

阿德勒博士：补习学校的学生都是什么样的？

母亲：那些孩子很可怕，但他尽量不让自己受影响。他们都是迟钝的孩子，我可以肯定的是，他最终是可以自己帮助自己的……

阿德勒博士：你从来没有怀疑过？

母亲：老师总是安慰我说，这孩子以后会是个好商人，他对什么都感兴趣。他知道怎么讨论很多事情，他给人的印象是比较独立的，但他还是非常孩子气！

阿德勒博士：他经常尿裤子吗？

母亲：是的，我去问老师他在学校的情况。她只抱怨一件事,说孩子说话声音太大,他要改掉这个坏习惯。他在学校也尿裤子,老师说这是个缺点。

阿德勒博士:那他在学校的情况恶化了吗?

母亲:他在进步,以前他写作业都要帮忙,现在他自己就能完成。

阿德勒博士:他一直都受到批评吗?比如说,在算术课上。

母亲:在算术课上,其他同学都学得比他好。

阿德勒博士:如果他也能在这个科目上取得进步就最好,你愿意把孩子送到我们的儿童中心来吗?(给这位母亲写了地址。)他可以自己来吗?

母亲:是的,他知道怎么坐车,他上学都是自己去的。

阿德勒博士:在这个儿童中心,大家会引导他,让他相信自己能做好所有的事情,然后他就可以达到转回普通学校的要求。

母亲:他在"儿童的朋友"那儿表现得也不错,他建了个漂亮的剧院,他有很多其他孩子都没有的东西。就像老师说的一样,他非常认真勤勉。

阿德勒博士:去普通学校上学对孩子更有利。你另外一个儿子怎么样?

母亲:他是个很可爱的男孩。

阿德勒博士:他对弟弟的态度如何?

母亲:兄弟两个感情很好,但现在情况变了:小儿子跟我们在一起,大儿子跟奶奶一起,所以他们不常常见面。

阿德勒博士:他嘲弄弟弟吗?

母亲:他很担心弟弟,为弟弟担忧。

阿德勒博士：他表现得像个父亲一样，这常见于在家庭中最后胜出的大孩子。

母亲：大儿子一直发育得很好。

阿德勒博士：他似乎很受欢迎。

母亲：小儿子更受欢迎，大儿子为他感到骄傲。

阿德勒博士：大家有没有因为小儿子要去补习学校就嘲弄他，或者拿他寻开心？

母亲：他们没有拿学校来跟他开玩笑，但是他们确实嘲弄这孩子，他们拿他的脚来开玩笑，这太可怕了。

阿德勒博士：这些都会慢慢变好的，跟他尿裤子一样。我建议你常常鼓励孩子，不要批评或者教训他，鼓励他自己完成所有事情。

母亲：我家里人总是激怒他、批评他、教训他。

阿德勒博士：请向他们表达我的问候，告诉他们必须克制，不要再批评、教训或者跟他唠叨了，我们要用新方法来促进他的表现。

（在表达谢意后，母亲离开了。）

阿德勒博士：你们在动物园看到过貘吗？貘有一种特殊的习惯，如果有人激怒或者惹恼它，它就会转过身来撒尿，这么做有时会惹恼无辜的旁观者。

阿德勒博士（对孩子说）：你在学校怎么样？

孩子：很好。

阿德勒博士：你是个聪明的孩子，你可以做个好学生。我觉得你很胆小，你缺乏信心。你认为自己学不好算术，其实这也没多难，你很轻松就能做好，我会帮你学好算术的。然后我们安排其他事情,这样你就可以去其他学校了。我也想帮你转学,我们要做得巧妙一些。你会喜欢新学校的,很快所有人都会说:"看啊,他正在进步呢!"我想让你来我们儿童中心,孩子们可以在那里玩游戏。你也可以在那里做作业,你会开心的。我以前算术也很差,还得让其他人教我怎么做,之后我却变成了全班算术最好的。如果你也变成班上最好的学生,老师会怎么说?

孩子:她会很高兴的。

阿德勒博士:你想让她高兴吗?

孩子:想。

阿德勒博士:下次再来,如果其他男孩对你做什么愚蠢的事情,别难过,这只能说明他很愚蠢。如果家里有人批评你,你也不要马上生气,不要尿裤子。我想帮你,我能相信你吗?

(孩子离开了。)

第二十章　拥有出色的兄弟姐妹

我继续解释我是怎么开展工作的。我面前摆着一系列关于问题儿童的报告，我已经很久没有查阅这些报告了。我想跟你们一起探讨这些案例，给你们一些大致观念，告诉你们如何审视这些案例。我会向各位展示我们如何基于过往的经验来审视每一个细节，通过细节推导出整体情况，从而找到所有症状。各位会了解我们的"探索"和"理解"，这是很多学者都已经讨论过的概念，但是我仍然认为他们没有理解透彻。如果你有机会阅读个体心理学的分析，就会发现那些专家认为自己了解心理学，实际上他们只是简单地提到了"追求自我重要性"，或者使用了"自卑感"或"追求权力"之类的术语。众所周知，这是尼采提出的概念，大家都相信他理解个体心理学。最近我目睹了某个学派的发展，他们称之为性格学派，他们用最野蛮的方式推行性格学派，常常引用尼采的名言。别被他们愚弄了，我们没觉得引用了名人名言就是对心理学做了贡献。如果今天有人毫无目的地引用尼采文献，他的动机肯定是可疑的。

"问题儿童患有很多种儿童疾病。"

其实很多患有儿童疾病的孩子是被宠坏的孩子,除此之外我还想强调,个体心理学的主要目标是探索和理解个体对他人的行为方式,因为人类的其他表达方式还是未知的。人与同类打交道,我们得查明他们是怎么做的,这条规则给我们提供了评估的方法。如果一个孩子患有多种疾病,我们就可以看到社会联结的产生,那么这孩子是怎么跟周围进行沟通的呢?

"他患有白喉,正在接受注射治疗。"

如果这份报告是由父母撰写的,那么可以推测他们特别重视注射,他们自己也害怕注射。患了白喉还要接受注射,确实太不让人省心了。但从这份报告的起草方式,我们可以看出父母与我们的关系,他们想让我们觉得这孩子遭受了许多折磨。

"在康复期,孩子患上了神经症问题:他老是抖肩膀,用手摩擦大腿,讲话特别快。"

有人会认为这些都是神经症症状,但是这与医生熟知的白喉后遗症的神经综合征症状是有区别的,它们还包括软腭麻痹、肌肉收缩等症状,而这些问题在本病例中并没有出现。因此我们认为这有可能是因为痉挛或者是出于某种目的的自发式行为,也可能他是故意抽搐,但看起来没有那么明显。如果一个孩子通过用手摩擦自己的大腿来获得他人的关注,我们不认为这跟器质性的痛感有关联。这孩子的表现很突出,早发痴呆的初期症状与此类似。

然而根据报告所述,孩子幼年时便已呈现这些症状,因此这种疾病不在考虑范围内。我们必须找到其他证据,引入主要论点：这种行为对其他人有什么影响？这是一种不太高明的表达方式。通过抖肩膀和摩擦大腿，孩子确实吸引了父母和周围人的注意力。我们设想他跟父母的关系出了问题，因为普通孩子是没有这种动作的。根据我们的经验（其他人也同意），这种动作能吸引注意力。那么这孩子是被娇惯的孩子的设想便成立了，他随后会继续通过这些矫揉造作的行为来获得宠爱。我们不应该鼓励孩子通过这种方式来成为被关注的中心，他显然不了解自己，否则他会选择其他更常见的方法。比如，他可以更努力学习，表现好些，让大家觉得他更友好、更可亲，他想在生活的有用方面取得进步。但我觉得这不会在他身上发生，因为他缺乏信心。

"这孩子讲话很快。"

记住，这是孩子吸引别人注意力的方法，当孩子的自卑感很强时，他们就会不自觉地、强烈地表现出这种行为。我们需要立刻查明孩子自卑的原因，我们要找到原因，任何反对都是没意义的。我们必须了解为什么这孩子要采用如此强烈的方式。如果孩子曾经经历过心理上的美好境遇（他生过病，也打过针），他不会自愿地离开舒适区。然而，此类儿童的命运和环境是不可逆转的，他们必须离开这种舒适区。一旦发生这样的事，他们就觉得自己失宠了。在他们追求成为重要人物的过程中，让所有人都认为他们想再次成为关注焦点是很正常的。尽管孩子现在已经痊愈了，但他还是想找回生病期间得到的亲切对待。这是否就是孩子努力回到舒适区的唯一原因？此时我们还不能确定，也许还有其他原因。我们一定不要把那些没有患过这些疾病却有这种症状的孩子混淆进来，实际上几乎所有儿童都经历过被宠爱的阶段。如果父母不引导孩子将兴趣转向其他事情和其他人，任何两三岁的孩子都会被惯坏，这就是我们要找到造成孩子自卑感的其他潜在因素的原因。

"我们咨询过几次的医生说，等孩子到了青春期，这些问题都会消失的。"

我认为从这句话中，我们只能接收到"孩子还没到青春期"这个信息。一般来说，医生对此的解释甚至还不如一些心理学派专门对青春期问题提出的花哨荒唐的理论。他们认为青春期是混乱的阶段，性功能毁了儿童，儿童在此阶段经历了根本性的改变。其实真正发生的改变只有一项：孩子获得了更多自由、力量和潜力，他似乎听到了来自内心的声音，引导他不再像个孩子一样行事，他几乎总是过度地回应这种挑战。我们那个时代的人，有很强烈的愿望，想要试着理解个体如何并且为什么要发育性腺，但很快我们就不再怀疑一点：我们的智力中心所在位于性腺。不管发生了什么都能用青春期解释：如果情况恶化了，那么这就是青春期的问题；如果有进步，那也是青春期的功劳。目前对青春期的研究不过是蠢人的借口，而不是科学研究的领域。

"孩子的父亲在小时候也同样胆小，但是程度低一些。"

我们由报告中得知，孩子很胆小。我不知道那些自称是尼采弟子的性格学家对胆小是怎么理解的，如果用我们的社会标尺来衡量，"胆小"表示个体对自己的贬低，或者对别人的高估，这都是同样的意思。这孩子感到很软弱，他的软弱表现在他强烈的追求或对家人的傲慢上。我们不难看到：当有自卑感的孩子面对陌生人的优越压力时，他真实的心理内容就会表现得很明显。他的胆小会让他"待在一边"——对融入群体很犹豫。基于这种行为,我们可判断这其中牵涉到一个问题:他相信自己什么都做不到。分析至此,我们在其他方面再发现什么都不奇怪。我们可以预测到应该发生的事情,预测到他在社会中遇到问题时的反应,比如,面对友谊这个问题时的反应。

"其他孩子都不胆小。"

原来家里还有其他孩子,其他孩子并不胆小,我们猜测他们没有这么明显的自卑感。他如此自卑的原因可能是他特别受娇惯,依赖某人太久了,但这种情况迟早都会结束的。了解到家里还有其他孩子,我们猜测这孩子可能经历了第二次磨难。也许他曾经有一段时间是最小的孩子(在此我就不再从他是独生子的角度讨论了)。老幺总是能比其他孩子得到更多关心,如果之后有新生的孩子替代了他,他的环境将会每况愈下。如果家里真有一个比他更受欢迎的孩子,那么他为什么想努力让自己出众就可以理解了。

"最大的孩子快大学毕业了。"

如果家里有人上了大学而其他人没有,那么这总是会激起其他"普通人"的怒火,也许这怒火不无道理。小一点的孩子可能会说:"为什么你们没有把我教育成这么优秀的人?"我们应该确定他是不是想说:"他考上大学也没那么优秀。"如果这是家庭教育带给他的感受,我们就有充分的理由分析这孩子为什么感到如此自卑。

"老幺是最有天赋的。"

这种说法对我们的设想是强有力的支持。

"两年前,也就是十四岁的时候,老幺突然死于脑膜炎。"

我们现在对分析对象的年龄有了新的线索：他最少十七岁了，已经到了可以谈论读大学的年纪了。我们也了解到最小的孩子特别有天赋。想象一下，如果这孩子想变得突出，需要应对什么样的环境。大一些的孩子是个大学生，小一些的孩子很有天赋，他是中间的孩子。我们对他的天资还一无所知，我们所知道的只是他惯用的小伎俩。他显然没有上大学的能力，否则他就不会抖肩膀、摩擦大腿，也就不会胆小了。这并不意味着胆小的人不能上大学，但这份报告所呈现的信息都在说服我们，这孩子很迟钝，没法跟其他两个孩子相比。对于迟钝来说，他的其他症状都只是小菜一碟了。不过，如果能让孩子来进行面谈，我们应该能发现很多其他的迹象。

"孩子在学校的学习很不好。"

我能保证，除了我们所期待的，我们不会再了解到更多其他事情了。经验告诉我们，这孩子不是低能儿，他的生活风格导致了现在的一切，从他的一举一动能明显地看出他是个聪明的孩子以及他行事的理由。

"他不得不留级两次。"

这种挫折也许没能鼓励他，有些留级的孩子会发奋学习，变成好学生，进步很快。但通常情况下，从长期的角度来看，被留级的孩子确实会受到伤害。我认为在让孩子留级之前，我们应该仔细想想是否能用另外的方式来代替。

"由于特殊授权，他可以在学校待到十六岁，学完贸易学校整个三年的课程。"

根据报告我们可以看出他与哥哥相比的落后程度。我一定要加一句（正如我们所预测的）：他是第二个孩子。他用尽

第二十章 拥有出色的兄弟姐妹

办法来确保自己的地位。他只有一种方法可以让优秀的哥哥失宠：通过根本无益的方式来赢得父母的亲近。因此，其他专家从来未能澄清的事实，我们却成功解释了：如果两兄弟中的弟弟能跟上哥哥，他就不会失去跟哥哥平起平坐的希望，他会养成属于自己的、畅通的、独具特色的人格特征。他会承受压力，也会不断地采取行动，会往前冲。如果这种行为方式能让他取得成功，他就总能信心满满，满怀希望，可以很好地发育成长。如果他失败了，或者失去了希望，他就成了"问题儿童"。这是我们一定要观察的，第二个孩子有这种特征：他总是像在竞赛一样往前冲。我经常看到这种情况，除非孩子突然崩溃。我们能在这个案例中看到竞赛吗？这孩子说话很快！你看他在比速度了：他想通过说话的速度来表现出比其他孩子更优秀。

"他毕业之后成了一个糕点师的学徒。"

我们观察到了巨大的差距，哥哥是大学生，而他只是个糕点师的学徒。这种情况对他来说不轻松，面对自己被降级为"普通人"的事实，他需要宽宏大量，以保持平静。如果我们只能为他提供这种安慰，那还不如现在就放弃，这只能证明他抛弃一切是完全合理的选择。

"据他雇主说，如果面临棘手的问题，他就会变得十分焦虑。"

这就是他被自己的自卑和沮丧拖后腿的表现，他永远无法解决工作中遇到的社会问题。只有使用社会标尺来衡量，我们才能理解这个问题。如果你认为他这种症状跟胰腺和内分泌相关，那么我们除了给他注射激素之外什么也做不了。

"他开始颤抖,雇主只能让他停止工作。"

这意味着他已经树立了自己的整个社会生活观念,那就是别人应该为他做一切。这就是被娇惯的儿童的生活风格,他们不愿意独立做任何事情,总是希望有人能帮他们。

"然而他在算术上很有天赋。"

我不知道他父母想表达什么,但是据我们所知,这孩子在学校很努力学习,那么他就有能力达到学校对于算术的要求。

"他很可靠,给他管一大笔钱也没问题。他从来不丢东西,也没有做过什么值得批评的事。"

这就是说他从来没有偷窃、欺骗或者遗失什么东西,但是他缺乏独立做事情的信心,他像个寄生虫一样生活。我们要承认,这是一句很严厉的批评,但这种生活风格就是一种悲剧般的错误,以这种方式生活,他永远无法建立起社会关系。

"他是个特别善良的孩子。"

有些弗洛伊德派学者也许会反对,还会指出:他潜意识里肯定充满了对周围人的憎恨,而人在沮丧的时候会否认这种憎恨,这很明显是由他的潜意识而来(俄狄浦斯情结),任何人对他的帮助都是无用的。他会被死亡的渴望笼罩,有明显的犯罪倾向。但我们认为他是个善良的孩子,是个好孩子,是个愿意跟他人接触的孩子。胆小是他懦弱的表现,是为了让其他人对自己友善些。你也知道,他因为颤抖得厉害,雇主不得不让他停止工作。我们认为他的本性是好的,意识层面和无意识层面都是。

"他的心算非常好,能很快记下东西。"

他受过很好的教育,本来有可能做个好学生,但他没有超越这个水平。当他必须面对生活时,他总是表现出毫无准备的状态。

"他会欣赏音乐,对文学也感兴趣,最大的爱好就是去博物馆。"

当他父母说他对文学感兴趣时,他们的意思是说他喜欢读书。但这不可信,因为阅读能让他逃避现实生活中的问题。

"他能正确理解课堂内容,也能完整地总结出来。"

我们要仔细思考这最后一句,他喜欢读书,喜欢去博物馆,上课后可以准确地复述,所有这些都表明他想模仿哥哥,哥哥读过很多书、上过很多课。正如你们所见,他不允许自己放弃,就算他目前只是个糕点师的学徒,他也要提升自己。这是我们的切入点,我们可以从这里着手尝试提升他。他焦虑的颤抖与他努力寻找另一种职业相关,他不满足于当个糕点师的学徒。他只有一个愿望:有人来帮他做这份工作,他更喜欢脑力劳动。在博物馆他不颤抖,他可以展示自己的能力。但这条路对他来说似乎不通畅,因为没人理解他,也许是因为他在学校留了两级。

"他讲话的时候像打仗一样快。"

我们已经分析过这点:他想成为第一。

"他的眼神鬼鬼祟祟,不正眼看人。"

这是眼睛的表达方式,表露出他的胆小,他不敢跟别人正眼对视。我们的感官也是有社会功能的,这个观点会令其他心理学家感到震惊。感官寻找与他人的接触,比如说话的器官,语言就代表着试图与他人接触。这孩子的"眼语"里满是软弱,就像他快速说话所表现出的软弱一样。如果说话不够快,他怕自己会被打败。

"他对运动不感兴趣。"

这是很明显的。

"他在学校免上体育课，因为他的腹股沟有腺体疾病。"

这再次显示出他受宠爱的情况，因为腺体问题而长期免上体育课让我惊愕，我认为这太过夸张了。这种腺体问题也许只是脚趾间的损伤造成的，人们通常很快就忘记了这种损伤。

"他在学徒之家做例行身体检查时，医生诊断他患有神经疾病，需要特殊的治疗。但是治疗没办法进行，因为雇主不能少了他，现在员工紧缺，而目前生意又很好。"

因此我们认为，不管怎样，他都要让自己成为一个有用的人。

"这孩子最近以优异的成绩通过了学徒测试，但是他父母很担心他的未来。他们认为这孩子应对不了生意上的需求，应对不了这份工作的要求。"

尽管孩子在通过学徒考试时获得了荣誉，但他总是父母操心的对象，其实没有多少父母会像这样担心。也许这种极端的态度使孩子容易泄气，父母从来不相信他能做什么，总是担忧他的前程，担忧没有来由的事情。这孩子应该经常受到鼓励，最好的办法就是引导孩子看清他犯的错误。我不确定我们是否可以把它称为理论，因为我们没法将其归类到其他心理学理论中去。如果一个外行来引导这孩子且得出相同的结论，我们是可以接受的。但如果我们用自己的调查方式更快地获得结论的话，我们也不应该因此而受到责备。显然，心理学和哲学的职业让这些人看不清真正的人生。这虽然令人遗憾，但是我们不要责备它。

我们这个时代高估了性功能的强大作用。

"应注意一点:在这孩子身上,完全没有观察到哪怕一点儿性冲动。"

他十七八岁。他在这方面所遇到的问题,父母也许一无所知。但如果我们的猜测是正确的,那么其实他的父母已经做过正确的观察了。如果孩子在社会关系方面表现很勇敢的话(性追求也代表一种社会关系),我们就面对着无法解释的前后矛盾。但是他的内驱力结构完全与他后来呈现出的改变一致。也许他遗传了想象不到的强大内驱力,也许他出生之后便有了极端的内驱力,可能是最强的内驱力,又或者刚好相反,是最弱的内驱力。但不管怎样,这些动力与孩子的主要目标相一致,例如,出现问题就保持距离,逃避解决,或者让其他人替自己完成。

我们可以大胆预测一下他的未来。我们同意父母的观点,如果孩子不改变自己的生活风格,那么他以后的生活会困难重重。他会对所有问题都无所适从。我们没听说他有朋友,在职业和爱情方面也是一样。我们可以预测他的行动,在面临所有这些问题时将会采取逃避做法。当他找到依靠时,当他还是个学生的时候,他不会让自己太显眼。但是当他必须表现得像个男人时,很明显可以看出他没有认真考虑过如何扮演好这个角色。

我想指出教育方面的问题,尽管这显得有点累赘。我们在探索儿童生活风格和寻找儿童所犯的错误时,自然而然地形成了教育方式。我们应该鼓励孩子,唯一的方法就是让他把注意力集中到正确的地方。他肯定能意识到,他在生活方面没有取得进步,因为他被过度溺爱。他必须意识到,他做什么事情都会带着一个问题:做了这件事会给我带来什么好处?他在寻找温暖和赏识,以及他人的帮助。要让人明白这一点是很容易的,如果有人能运用恰当的心理战术且怀有艺术家的本能来理解这些问题,那他就能成功。

我们一定要鄙弃一种观点:他的天资不如哥哥。要有人跟他解释,他也可以在任何方面取得成功,只要他能有效地训练自己。为他扫清障碍是最基本的,父母不要总是说:"你永远做不成事情。"如果孩子一点也不相信倒也还行,但是他遭遇了几次挫折,因为他从生活的错误面出发,还建立了他人应该为他做事的错误观念。我们要让他明白所有这些问题,使他相信自己还没达到潜力的极限,还要告诉他:"你喜欢上课那就继续,因为你做好了准备,你是个好学生。"往这个方向发展,他的大脑就能得到有益的锻炼。我们应该鼓励他争取达到可以"打败"哥哥的水平,这是我们取得进步的口号:谁能战胜困难,谁就能赢!

教育学策略和对问题的艺术性理解都是社会功能。教育学策略侧重个人对他人的态度,亦即在友好的态度下提升对他人的好感。该怎么解释这种态度呢?简单来说,每个人都需要和另一个人产生相同的情感,都必须与他人接触;我们应该用别人的视角看事物,用别人的耳朵来听,用别人的心来感受,我们要与别人产生共同的感觉。这与弗洛伊德的理论完全不同,心理学称之为"同理心"。当"我"到"你"的关系已经建立在有用的方式之上时,当每个人都已经接受了成为"同伴"的观念时，我们才能在社会中习得这种"同理心"。教育不是在真空中进行的，而是在自我和他人的社会关系中完成。每个人都应该经历社会关系的各种形式：友谊和对他人的兴趣。我们应该致力于成为我们要求儿童成为的人——既不多，也不少。

采用艺术的方式开展工作就像在火山口漫步。所有心理学寄生虫都在我们取得进步时，假装自己受到了侵犯，他们声称只有自己才是高度尊重艺术，而"我们知之甚少"。每当我用艺术家的方式来理解事物时，我发现这给艺术家赋予了更多的尊严。当我们观察艺术家时，发现他们并不令人费解，他们不是永远无法理解的人；相反，他们是人类的一员，是同伴，更是人类的导师，我们向他们致以最崇高的敬意。正是他们教会我们如何看、如何思考、如何感受。有了他们，我们才得以享受人间最大的欢愉。如果我们再次使用社会尺度来衡量，我们会发现艺术家所呈现的社会功能是最完善的。曾经有段时间人们对此是认可的，但是今天人们又将其遗忘了。我想起了汉堡剧院开业时莱辛写给席勒的信中说的："这个剧院是道德机构。"艺术家应该仅致力于充实人类，为人们能更好地理解、更深刻地感受而铺设一条新的大道，我们将再次立足于坚实的基础——个体心理学。

第二十一章 如何与父母谈话

我相信，正确地和父母谈话是很重要的，具体该怎么做很难用语言来形容。咨询师应多多探讨这个话题。我们要做的第一件事就是赢得父母的信任，不要与他们作对。父母来咨询我们的意见，是因为他们认为这是自己的责任，他们期待接受批评。此外，我们应该让他们从恐惧的情绪中纾解出来；即便我当时并不这么认为，但我通常也会告诉他们："我觉得你们走在正路上。"如果我想做什么事，我肯定会选择一种正确的方式。本杰明·富兰克林的自传里提到他也是这么行事的，他不屑于任何教条式的教育。

至于细节，我注意到一点，别过多地质疑母亲。在学生的咨询活动中，老师会协助我们。老师已经很清楚这些指导中心的重要性了，我们心理学家相对来说处于比较有利的地位。咨询之外的时间，老师和母亲跟孩子在一起，他们的负担最重。理解案例的核心非常重要，但不要立刻就给母亲增加负担，这也很重要，不要马上让她知道我们所得知的情况。我们自己心知肚明就行，只能偶尔提及。培养这种能力并运用在工作中是非常重要的。

批评是心理学家和老师采用的根深蒂固的方式，我建议要常常使用"也许"或者"我觉得那样行得通"等表达方式。我们也没有方法来治疗父母，只能为他们提供一些要点，只言片语是无法改变根深蒂固的观念的。再者，如果我们能获得孩子们的信任，告诉他们不应该把困难看得那么严重，心怀勇气更重要，此时批评便是多余的了。在半个小时的咨询里，鼓励几近崩溃的孩子是咨询师的任务，因为我们处在有利位置：我们面对的孩子都曾饱受批评。他们会发现自己突然处于新的环境，他们也许能意识到，在这里自己不再被认为是绝望迷失的人。如果我们能与孩子们保持长期联系是最好的，前提是我们有足够的咨询师。虽然我们不能公布数据，但是老师们都反馈了积极的效果。

我们必须有人能立刻取得父母的信任，每个咨询师都应高效运用这种方法。我们需培养且秉承一种温和的态度，有些咨询师已经能真正实施温和治疗法。当某人在讨论愤怒这种缺点时，这就显得十分必要。但我们不要忘了，这只是一种方式，我们必须阐明的是其精髓，亦即说明孩子的生活风格。这是我们区别于其他人的巨大优势，我们必须充分意识到这一点。我们的目的不是通过贿赂孩子来让他们放弃错误的行为；相反，我们着眼于核心问题：他们的绝望，他们错误地认为自己已经失去希望。这是问题的核心，剩下的只是准备工作。

因此，我们必须从赢得孩子的信任开始，但是认为只要这样就能治愈问题儿童可就大错特错。如果这么一种治疗方法得到了成功,那就是一次意外,而不是一项成就。在这种情况下,孩子理解了一些事情,然而咨询师却尚未准确掌握它们。仅仅与人类做朋友,做一个友善的顾问是不够的。每个人都想这么做:他们让孩子生活变得愉快,不断地赞美孩子,想象他们的个性魅力会给孩子带来好结果。

关于一个人应该仁慈还是严厉的争论是毫无意义的,只有谦逊才能跟人类灵魂沟通。要赢得某人的信任,唤醒他内心的某些感觉,引导他倾听,理解他说的话,是一门艺术,这门艺术在与孩子们一起工作时是必不可少的。我们听到人们说:"在儿童指导中心的时候孩子往往很乖,但回到家里,他就开始调皮。"如果孩子已经理解了,这就标志着他们的关系朝着融洽的方向迈出了第一步。没人能永远让孩子处于有利的环境,纵容并不能让他改掉缺点;相反,我们必须让他了解自己在成长时出了什么问题,在这方面个体心理学体系是我们的指导方向。有时咨询师只需要十分钟就可以完全弄清一个案例,而治疗的艺术在于如何让别人理解这一点。有些人知识渊博,但无法交流。那些能与他人建立良好关系的人,他们生活得很轻松,因为他们在与别人的日常交往中,已经学会了如何让别人理解自己,这是咨询师在个体心理学中的首要任务。

第二十二章　幼儿园的任务

孩子到了上学年龄时，教育的重要性便不言而喻。我所代表的新心理学派——个体心理学，强调孩子上学的时间是他一生中最重要的阶段。事实上，孩子在四五岁后生活风格已经固定，外部影响无法再改变它。之前人们认为孩子的行为因情况和年龄不同而存在差异，就像绿色水果的外观不同于成熟的水果，而专家可以知道它会变成什么样。我想强调的是，这个未成熟的水果不仅仅是一个还没完全展示的实体，它代表一种鲜活的、努力着的生命，它具有倾向于一种理想形式的精神活动，它将从这个固定的有利状态面对生活的问题，而且必须与之相适应。在早期的几年，孩子们的每一个努力都是自然而然产生的，这些行动不再是有意识的，不再经过深思熟虑。但是，它们是所有现存问题的答案，它们都是由生活风格所决定，我们可以通过精神行为来区分不同的儿童。真正的专家在判断一个孩子是胆小还是保守，或者他在面临一项任务时会小心翼翼地接近还是尽可能逃离、犹豫或试图逃避它的时候，很少会出现失误。这些只是细枝末节，但我们可以从中获得很多信息。我们不能想象一个儿童与人类社会分离，个性和人格基础是在出生后的四五年里建立起来的。一旦在这个过程中发生了错误，外部的措施就再也无法改变它。

我们的内心世界不过是情感关系的外在表现。在生理学和生物学中，寻找个体的部分是非常有趣的，例如，什么是驱动力和本能，但它不属于心理学范畴，而只是归属关系。例如，如果我们没有向儿童提问，就很难得到任何提示性的答案，直到我们问他或者给他布置一项任务，才能知道他是如何应答的。在轻松愉快的环境下，你不会背叛内心的魔鬼。而一旦面临困难，你就会暴露出真实的自己，儿童的心理状态也只有在内心发生这种对抗时才会显现。对我们来说，"灵魂"和"心灵"是指社会关系和社会追求。我们将看到这种社会关系从何而来，为什么它会有如此的多样性。

我们在儿童身上所能观察到的一切是他与生俱来的潜力。我们无法检验儿童未来的能力，更不能检测出我们能帮助他们发展多远。通过正确的方法，个体可以从微小的潜力中得到巨大的发展。例如，又聋又盲又哑的海伦·凯勒成了显赫的人物。我们知道，只要用上正确的方法，儿童的微小能力可发挥出相当大的能量。儿童能力的发展更多是训练的结果，而不是他所拥有的潜力。这里有一组对比：有个人拥有很多资源，但他不知道怎么利用，他浪费了一切，发现自己陷入了困境，而另一个资源很少的人却活得很好。

幼儿园教师的工作是扫清道路，开辟道路，让孩子在四五岁时把生活风格变成可以支撑他解决生活中所有问题的方式。

应该有理想，要给孩子指明方向。以培养合群友善的人为目的的教育不是一个空泛的概念，我们必须让孩子明白，缺乏社交能力是他一生中所犯的最严重错误。

最初的人际关系是如何建立的？儿童在与母亲的接触中才第一次体验到与人类同伴相处。孩子通过母亲对其他人产生兴趣，第一次经历对孩子来说非常重要，他与母亲的沟通方式则更为关键。

幼儿园老师就像母亲，他们必须履行母亲的职责，纠正母亲犯的错误，引导儿童与他人建立关系。"我"和"你"之间的关系在个体的所有重要能力中都扮演着重要的角色。例如，说话就是这样一种关系，声音是人与人之间的联系。如果这个环节没有完全发育，语言就不能很好地发展。所有说话能力不好（没有器质性缺陷）的儿童都没有充分理解"我"和"你"的关系。你可以从个人的语言贫乏或丰富程度中得出对他的结论，因为他只有在社会环境中才能发挥自己的能力，并获得丰富的词汇；在这种社会环境中，他可以建立并接受社会关系。

智商不是个人事务，理解意味着思考、判断、总结等，我认为但凡有理智的人都会这么认为并得出这样的结论。智商具有普遍有效性，它不会根据个人观点而改变。

你们会注意到问题儿童有我们认为不合理的个人想法，它们不符合常识。对美丽和丑陋的判断也是如此，我们所说的美丽也具有普遍的有效性。

母亲的第一项功能是以人类同伴的身份来唤醒孩子的社会情感。你会发现很多儿童从来没有获得这种印象，他们不知道其他人的存在，这对于孤儿和非婚生子来说更明显——但这也不是必然的，你可能会在这类儿童中发现，其中有一部分儿童也具有社会情感。这些孩子在成长过程中没人陪伴。缺乏社会情感的情况也在长相丑陋的儿童、受抛弃的儿童和肢体残疾的儿童中可见。我们应该意识到这些因素在他们身上产生的影响：他们听不到任何友善的话，总是遭到拒绝，仿佛成长于一个处处都是敌人的国度。

教师的任务是提供真正的陪伴，这是一项美好的使命。如果你们采纳这种观点，就不会犯太多错误。

母亲的角色涉及另一项重要功能，即在孩子生命的最初几年，她必须引导孩子发展对他人的兴趣。她不能阻止孩子这种兴趣，不能将其社会情感仅仅局限于自己身上。例如，被娇惯的孩子只对他们的母亲或娇惯他们的人感兴趣，而对其他人不闻不问，他们想排斥别人。当你看到这一势头时，首先要确定的是你正在与一个被娇惯的孩子打交道，他要求所有人任由他呼风唤雨，别人总是为他做事情。

教师必须进一步引导已唤醒的社会情感，并建议母亲把这种情感引导到父亲身上，这样他们才能共同改善孩子的生活风格。此外，他们还必须帮助孩子做好弟弟妹妹可能到来的准备。这一点经常被忽视，但是对孩子的生活风格有很大影响。

幼儿园是家庭的延伸，它必须完成和改进那些在家庭中没有完成的事情，完成那些因为家庭理解能力差或在旧式家庭中没完成的事情。老师教育孩子的时候，他们已经不是白纸一张了，在这个年龄，他们已经拥有了不会由体验而改变的个性。由于老师的智力优势，他们可以成功地阻止儿童的某些行为。儿童可能会藏东西、藏着小秘密等，但生活风格仍将再现。如果你们想纠正和改掉儿童犯的错误,就必须履行母亲的两项功能。孩子会意识到自己的缺点,并能自己改正。但也有一些孩子仍沉迷于自己的错误,按照他们的生活风格贬低一切,以自己的方式判断一切——这既不是常识,也不理性。一个娇生惯养的孩子要么想成为被关注的中心,要么最终会选择逃避,这样的孩子遇到困难时无法克服。如果你拿走他的什么东西,他总会得出这样的结论:"我不属于这里,我在妈妈身边过得更好。"这种孩子总是表现出不自在,感受不到家的温暖。如果你们能代替母亲履行两项功能并与之建立社会关系,就能看到显著的效果。儿童会毫不焦虑地接受挑战,用有益的方法克服困难,这时你会发现孩子有了勇气。勇敢是一种社会功能,只有认为自己是社会一分子的人才有勇气。乐观、积极、勇敢和友谊取决于如何在社会框架内尽早给孩子提供教育——只有社会情感足够强,才能保证个人的发展。对于每个人来说,只有对他人的幸福感兴趣,才会拥有良好的个性,对他人而言才是有用的人;相反,如果只考虑自己,将会处处碰壁。

我想提醒你们注意一些很明显却还没有被人们正确理解的事情。要想解决任何一个问题,成熟的社会情感都是必要的,儿童的社会情感已经在他对弟弟或妹妹出生后的反应中表现出来了。幼儿园教师的任务是社会性的,学校、友谊、爱情、婚姻、政治地位和艺术成就都是社会任务。对我们来说,艺术和科学代表着对社会有益的成就。如果一个人没有社会情感,他就忽视了自己该走的道路,这就是要培养孩子社会情感的原因。为什么这么多的孩子,甚至这么多成年人都缺乏社会情感?个体心理学揭示了社会情感正确发展的障碍。

我们很肯定受厌恶的儿童和被娇惯的儿童负担过重。我们很容易理解受厌恶的儿童，但是那些被娇惯的孩子呢？我们整个社会生活都致力于防止那些被娇惯的孩子在幼年时受到溺爱。母亲自己也慢慢地不再那么娇惯孩子，发现孩子的要求过多。孩子不断地遭到拒绝，但同时他也在努力保持最初的有利状态，所以他开始在充满敌意的环境中成长，这种孩子的第一反应是对自己比对别人更感兴趣。

例如，我们发现，在幼儿园这种反应有时会发展成恐惧。这些孩子呕吐、拒绝进食，表现出明显的症状，内心紧张到几近生病。他们觉得自己的地位受到威胁，他们是利己主义者，这是一种不健康的状况。当他们面对社会问题的时候，没有人教会他们如何结交朋友，以及如何与老师建立良好的关系。他们不能集中注意力，因为他们总是担惊受怕。如果我们惩罚一个这样的孩子，他会感到更加压抑和胆怯。如果这些孩子是自负的，那是因为他们觉得自己既渺小又微弱。他们的行为就像是踮起脚尖，为了显得比现实中的自己更强大。

还有一种类型的孩子在很大程度上无法培养出对他人的兴趣。这些孩子天生虚弱、多病或有器质性缺陷，他们认为自己的弱点和疾病是巨大的负担，而且和其他类型的人一样，也受到了压迫，他们试图找到更轻松的环境。由于他们天生的器质性缺陷，自身的勇气很少，甚至没有勇气，对自己也没有信心，他们非常沉溺于自己的缺陷。部分孩子试图克服自己的弱点，而其他的则陷入绝望。例如弱视儿童多半被训练得比视力好的儿童更善于感知视觉，他们对能更好地以某种方式还原视觉感受的事物特别感兴趣：他们更了解颜色、阴影和透视。他

第二十二章 幼儿园的任务

们的视觉弱点产生了强大的力量。同样的事情也可发生在其他器质性缺陷上，如听力、呼吸、消化器官的缺陷等。

因此，进入幼儿园的儿童有不同程度的勇气。在某些情况下，每一种思想和每一种感觉都成为一种信号指示，我们便可理解儿童在心理上的变化。判断孩子是否低能十分关键，如果孩子是痴呆或低能的，他们的发育则不可能达到正常水平。我们必须以完全不同的方式教育他们，他们永远不会达到正常儿童的水平。我们很难确定孩子是否低能，只有教师、心理学家和医生共同协作才能做出准确判断。在某些情况下，如果人们怀疑孩子低能，要想对其做出判断，那么接诊的医生需要拥有大量的临床经验。许多身体机能异常并不会影响人的智力发育。事实上，儿童脑积水或小脑症是不足以确诊是否低能的，我们首先应确定孩子是否因成长过程中的错误而受到了伤害。也许我们首先应该进行测试。低能儿童没有明确的生活风格，除非受过这方面的训练，否则人们无法预测一个低能的孩子在面对给定任务时的行为。他无法追求连贯的生活风格，因为他缺乏人类精神生活的统一性。我们必须先确定孩子是否低能，因为我们根据个案情况的不同需要采取的行动也截然不同。我们应该彻底地调查孩子的精神生活，这是可以理解的，那么教育的方式就会立刻变得明确。

幼儿园老师也会接收到左撇子儿童，但不知道他们是左撇子。这些孩子笨手笨脚，读写困难。我们首先要查一下，看看他们是否是左撇子（父母的陈述无关紧要）。这样的孩子很容易泄气，他会意识到自己右手的弱点，觉得自己好像遭到了别人的排斥。如果别人取笑他，总是拿他开玩笑，孩子也很容易泄气，会失去勇气，变得胆怯。人们应该知道，过度的严厉教育也会造成巨大的伤害。这种软弱无助的人一旦失去了全部的勇气，就不可能与他人接触。你们还会遇到一些孩子，他们的母亲总是帮他们说话。母亲不需要他们做任何努力，这让他们变得完全依赖他人；也许孩子有语言缺陷，或者不能集中精力，因为他们的思维能力没有得到正常的发展。还有一些孩子，他们的母亲总是在他们说话时贸然打断，不让他们有机会表达自己的意思，因此他们经常会出现这种情况，那就是话说到一半时突然停下来——母亲对他们的粗暴打断，给他们留下了难以抹去的阴影。我们必须理解这些情况，从而判断儿童的胆量和乐观程度。

兄弟姐妹之间的竞争起着非常重要的作用，我们必须清楚每个儿童在家里的排行，还应该特别注意以下几种：老大、老二或老幺、独生子女，或男孩中唯一的女孩、女孩中唯一的男孩，等等。

我们可以把儿童比作丛林中的灌木：他们都在寻找光明。

老大的情况和老二完全不同。在一段时间内，他是唯一的孩子，然后突然他的生存空间由于另一个孩子的到来而缩小了。对他来说，这是一场悲剧。在这之后，老大会表现得好像害怕别人会超过自己一样。他们总是在监视别人，观察他们是否比自己更受欢迎，他们总是努力站在前列。

老二从不孤独，也从来不是被关注的焦点。他的情况更好：他有一个"铺路者"，让他在许多方面都应对得更容易。就好像在比赛中一样，只要没有什么阻碍，他就会表现得好像在试图超越前面的那个人。

第二十二章 幼儿园的任务

最小的孩子在完全不同的环境中长大，没有人跟随他，但有几个人在他前面，他当然拥有最大优势。他可以公开表明自己的追求，最重要的是他想要证明自己是第一。这种追求是有回报的，因为这样的孩子在与困难做斗争时，武装得特别好。

谁战胜困难，谁就能赢！因此，我们必须设法给儿童一定的"物质奖励"，使他们能够克服困难。我们必须给他们勇气，这是教育的最重要因素。最危险的事情是孩子失去希望。孩子的生活中会出现许多困难的情况，但绝不能失去希望。

总之，让我补充一句：我们不应该和儿童争吵。原因很简单，他们总是比较强大的那一方。他们不承担任何责任，他们认为承担责任的人永远不会是更强大的人。

实践是我们真正的任务，没有任何教育是在真空中进行的。大家必须努力解决不同的科学研究所带来的问题。我们欢迎比较，我们是宽容的，各位应该学习其他的理论和观点，仔细比对一切，不要盲目相信任何"权威"——即使是我！